U0184688

时尚的记忆：

什么是奢侈，什么是流行

李孟苏 ———— 著

袁春然 ———— 绘

重庆大学出版社

一张杂志封面照
改变了时尚业

因为一部畅销小说《穿普拉达的女魔头》，以及根据小说改编的同名电影，时尚杂志的主编安娜·温图尔破圈了，成为人尽皆知的时尚魔头。安娜·温图尔是 *Vogue* 杂志美国版的执行主编，仅在美国就有 1 000 万读者看她主编的杂志，但在这之前，她在普通大众中间并不出名。小说和电影把安娜·温图尔的名望推到了顶峰，不看 *Vogue* 杂志的人也知道了她。

安娜·温图尔也被称为"时尚业的核武器"，她对得起这个绰号。1988 年，39 岁的安娜·温图尔出任美国版 *Vogue* 主编。这一年的 11 月刊，她主编的第一期杂志出街了，她向时尚界投下了第一枚原子弹。

温图尔从来就不走寻常路，这一期，她请来摄影师彼得·林德伯格掌镜，造型师卡琳·瑟夫·德杜赛尔做造型，以色列模特米凯拉·贝尔库做封面女郎，推出了与众不同的封面。

贝尔库穿了一件售价1万美元的克里斯汀·拉夸（Christian Lacroix）黑色上衣，胸前有彩色宝石镶嵌而成的十字架图案，这是法国著名的奢侈品牌，只做高级定制时装；下身却搭配了一条售价40美元的盖尔斯（Guess）水洗蓝色牛仔裤，是我们耳熟能详的高街品牌。猛一看，这张照片上的模特长发随意飘动，笑容明朗，眼睛半闭，脸扭向一侧，没有直视读者，气氛随意、亲切，一改时尚杂志惯有的高高在上的盛气凌人。

后来温图尔写文章回忆，印刷厂的工人从来没有见过时尚杂志的封面是这种拍法，以为出了什么岔子，打电话到编辑部询问究竟。其实这种照片是各种偶然因素的结果。贝尔库因为回家乡休假，长胖了，穿不进拉夸的裙子，只能穿高街品牌的宽松牛仔裤。但这又有什么关系呢？

米凯拉 · 贝尔库的 *Vogue* 杂志封面，插画

这种混搭穿法，日后变得极为常见，甚至成了检验一个人是否是潮人的标准，肥皂剧《欲望都市》里的女主角，纽约时尚专栏作家凯莉就常常这么穿。

温图尔曾有金句："你看一幅深刻的时装片时，它传达出的关于这个世界的信息，丝毫不亚于《纽约时报》的头版头条。"

在温图尔拍这个混搭封面之前，没有人这么搭配，温图尔的混搭在那个时代是非常激进的做法。最具颠覆性的是，这么搭配告诉工薪阶层：你买不起太多奢侈品牌的服装，那么就买一两件设计师的单品好了，只管用它搭配平价品牌的服饰，GAP 也好、Guess 也好。这张照片也告诉我们这样的时尚素人，衣服不仅仅是裹身遮体的布料制品，哪怕一件小 T 恤，也能传达美，这与服装是高端还是高街并无关系。

温图尔大刀阔斧地改变了 Vogue 中规中矩的贵妇风格。同时也预告了代表贵妇生活方式的奢侈品牌正走向没落，高级定制时装代表的时尚傲慢壮观将被现实生活瓦解，时尚风向开始变化。以前，谁敢想高级品牌能和高街品牌穿到一块儿去呢？这张大片预示了时尚开始向普通人普及，用今天的互联网流行话语说，就是：时尚本身是可以销售的商品，在新时代它的这个特性越来越鲜明，时尚的市场不可避免开始下沉。

20世纪80年代是全球时尚业的分水岭。潮流的风气也吹进了中国大陆。其实早在1909年，上海就举办了中国第一场时装秀，1949年以后也曾举行过新装表演，但因为种种原因，情调、奢侈、个体趣味的替代品——"时尚"在中国大陆销声匿迹，"时装"回归到最原始的功能：保暖和蔽体，异常纯粹。此时的中国打碎了一个旧世界，要齐心协力建设美丽新世界。这个时代强调的是集体力量，要整齐划一，于是中国形成了自己的时尚潮流，男穿中山装，女着列宁装。大一统、制服化的潮流在淹没个人审美的同时，更有政治上的含义：新中国消灭了一切阶级和阶层，工农商学兵都是国家的主人，起码你从服装上分不出人的三六九等。

几十年间，世界上一次又一次的潮流革命都与中国无关，中国完全和国际时尚潮流脱轨，自个儿玩自个儿的。1979年，皮尔·卡丹作为"美学概念"被外贸部请进中国，举办了第一场时装秀，中国终于开始受到国际潮流的影响。1982年，半岛酒店集团在北京开了第一家外资背景的豪华酒店——王府半岛酒店，把酒店的地下一层、二层辟为精品廊，销售欧美大牌服饰。中国大陆消费者有了时尚消费。1994 年，上海淮海路上开了美美百货，这是中国第一家展示世界潮流走向的国际化顶级百货商场，中国人开始了解奢侈品牌不同于大众名牌，开始知道了顶级设计师的名字和他们创造的潮流。

进入 21 世纪，欧美的高端时尚品牌、高街时尚品牌一股脑儿涌入中国，时尚由此渗透中国普通大众的生活，普通中国人这才对世界潮流有了真正的认识。中国本土设计师、时装品牌开始崛起，中国的时尚潮流曲线和世界潮流有了交叉，中国时装业也有了跻身国际 T 台的真正实力。

那么，国际和中国本土的时尚界都发生了哪些变化呢？后面我将为大家一一道来。

高级定制时装

第1讲

高级定制时装

只能诞生在巴黎

我们上一讲里谈到，安娜·温图尔出任 *Vogue* 主编的第一期
杂志，拍了张封面，让模特穿高级定制上衣搭配高街品牌牛仔裤，
给时尚业投下了一枚原子弹。那么，什么是高级定制时装？它有什
么与众不同的地方？

我们先看这张著名的照片，照片名字叫《朵薇玛与大象》，是
20 世纪 50 年代著名模特朵薇玛与两头大象的合影，她穿的是迪奥

（Dior）在 1955 年推出的设计。这张时装摄影经典之作是时尚摄影大师理查德·埃弗顿拍的，成了高级定制时装黄金年代的标志，一个逝去年代的象征。

那么，什么是高级定制时装？换句话说，为什么只有巴黎才能诞生高级定制时装？

《朵薇玛与大象》，
理查德·埃弗顿拍摄

高级定制时装堪称时装王冠上的明珠，只有巴黎才会孕育出来，是法国传统文化，乃至时装文化的化石，所以高级定制时装的名称是法语的两个单词，haute couture。这两词中，后一个词couture 的意思是"裁缝，缝纫"，前面一个词 haute 才是重点，它指的是"高级、奢华"。在法国，这个名称是受法律保护的，不符合相关的条件，不允许使用这个名称。

朵薇玛的礼服设计稿，
伊夫·圣洛朗绘

在中国，业内简称它为"高定"。法国高级定制时装协会规定，高定必须具备以下 6 个条件：

1. 品牌在巴黎设有工作室。

2. 每年 1 月和 7 月参加法国高级定制时装协会举办的高级定制时装展。

3. 每次新装秀要展出 50 件以上的日装和晚装，且均出自首席设计师之手。

4. 常年雇佣 3 名以上的专职模特，至少雇佣 20 位全职工人。

5. 每个款式必须量身制作，在量体之前不能剪裁衣料，要按照传统方法手工缝制。

6. 顾客在品牌的工作室接受服务。

法国高级定制时装公会列出了一个"高级定制时装"名单，认定这些时装品牌具备高定的资格。截至 2021 年秋天，名单上有 16 个正式成员品牌，我们熟知的迪奥、香奈儿（Chanel）、巴黎世家（Balenciaga）、马吉拉时装屋（Maison Margiela）、夏帕瑞丽（Schiaparelli）、巴尔曼（Balmain）、纪梵希（Givenchy）、让 - 保罗·高缇耶（Jean-Paul Gaultier）都在名单上。

此外，有 7 个非法国成员，都是我们熟悉的品牌，有乔治·阿玛尼（Giorgio Armani）、范思哲（Versace）、芬迪（Fendi）、华伦天奴（Valentino）、艾莉·萨博（Elie Saab）、阿瑟丁·阿拉亚（Azzedine Alaïa）、维果罗夫（Viktor & Rolf）。还有 20 个客座成员，我国设计师品牌"郭培"是客座成员之一。

这些品牌的高级定制时装受到特定的规章准则约束，每年都要接受审核，因此名单上的品牌时常有变动。如果哪一年你突然发现自己喜欢的品牌不在此列之中，也不必奇怪，它或许是因为种种原因退出了。

高定是一门时装艺术，品牌只有得到法国高级定制时装公会的邀请函，才有资格在高定时装周上展示。

高定凭什么
那么贵?

　　半个世纪前,可可·香奈儿小姐曾经不无担忧地问:"高级定制时装要完蛋了吗?"因为她目睹了时装界正在发生的大革命:批量生产的成衣占据了主流,手工定制的高级时装开始衰落。她还看到,高级定制时装之父查尔斯·沃斯创立的高级定制时装屋 House of Worth 在 1956 年停业;1968 年,她与之惺惺相惜的"时装之王"克里斯托巴尔·巴伦西亚加也宣布,关闭他创立于 1919 年的高级定制时装品牌巴黎世家。这里我要说明一点，巴黎世家在1986年又复活了。

20世纪60年代之后，高定时装逐渐从"服装"概念中分离出来，"穿着"的功能大大减弱，这倒给高定时装的命运带来了转机。今天，奢侈品牌并不指着高级定制赚钱，它是用来体现品牌精髓的，事关品牌的核心形象，所以时尚业那几个顶尖品牌无论如何不愿放弃高级定制时装。香奈儿集团的总裁曾赞誉高级定制礼服是对抗机械化大生产的传统技艺标本。既如此，便把高级定制划到了奢侈品牌的利润核算体系之外。

高级定制怎么可能灭绝呢？那么，高级定制时装是怎么制作出来的呢？

创意总监亲手绘制每一件服装的原始设计草图，交给不同的工作坊，他会不厌其烦地向工匠交代每一个细节。

不管哪一个品牌，高定工作室下面都包括两类工坊，一类专门制作丝、绢纱、雪纺、绉布，以及印花麻纱等轻薄质料的裙子及晚装；一类负责把斜纹软呢、皮革、羊毛等厚重面料制作成花样精巧的套装、外套、裤子、裙及大衣。

工作坊根据设计草图的各项细节进行剪裁，力求精确无误，缝制出仿真的"样板"交给设计师。每一个工作坊都有一个负责人。他／她小心检查每一件衣服的工艺质量，确保成品时装必须完美无瑕。工坊的负责人除了把控服装品质，还有一个重要的任务：拿着工匠们的活计，沿着蜿蜒的楼梯上上下下，交由创意总监过目、审查。

在完工前，创意总监至少要指导三次：第一次，先在坯布上剪裁，力求精确无误，缝制出仿真的"样衣"，然后决定用哪种面料，是否需要刺绣；第二次，选定面料和装饰物，制作真实的衣饰；第三次，做最后的调整，除了看服装的整体效果，还要审视装饰物，决定在高定秀上由哪位模特穿着它。总之，每个工序都经过精心安

《不可思议的衣橱》里蒂尔达·斯文顿身着坯布做的衣服

排，绝不马虎了事。

　　用相关面料制作真实的衣饰，这个过程中，会请来工作室专属的模特在设计师面前试穿。从缝制到完成期间，需要数次试身，模特必须以同一姿势站立数小时，由设计师审视并做出相应的修改，以确保取得设计总监最后同意。

　　高定时装制作出来后，传统上，品牌会在时装屋举办新装秀。从 1973 年开始，每年 1 月和 7 月，巴黎会举行两次高定时装周，品牌在时装周上展示其最新高定设计。

高定工坊的

秘密

　　十几年前，我曾经受邀参观香奈儿位于巴黎康朋街的高定工坊。当时，工作室刚经过卡尔·拉格斐的亲自设计、重新装潢，接待室以白色、米色及黑色为主打色，气派高雅，堂皇华丽。

　　前面我提到，高定工作室都设有两类工坊，一类制作轻薄质料的裙子及晚装；一类负责制作厚重面料的套装、外套、裤子、裙及大衣。这样的工坊，在香奈儿的工作室里有 3 间，每一个工作间里都洒满自然光，亮亮堂堂的，摆满缝纫台，台前坐着"小手"们。"小手"是熟练工匠的昵称。他们穿着制服——类似化学实验员那样的白大褂，为服装做最后的润色。工坊内很安静，听不到缝纫机的嗒嗒声。每一件服装从第一步到最后完工，都是由同一双手完成的。因此，一件衣服所需的工时极长，至少300工时。极端的例子是某品牌为中东客人定做了一件礼服，上面装饰着珍珠和钻石，耗时10000工时。

缝纫台的旁边摆着无头的人台，上面穿着即将完工或已经完工的服装。每一个人台都根据每一个客户的身材制作，脖子上挂着客户的标签，写有客户的信息，这些资料以及服装的价格都严格保密，严禁参观者看到。

当我沿着镜梯下楼，看着镜子里映射出的幻境，不由慨叹：如今哪种生活方式还配得上穿高级定制时装？还有多少人能体会到高定时装中个别的设计、讲究的物料以及配件、完美的剪裁、一丝不苟的做工等细节中蕴含的心思呢？说高定太贵，它贵就贵在时装中蕴含了当今生活极端缺乏的时间和耐性，贵在它蕴含了香奈儿小姐说的奢华精神："奢华的定义是内外皆美。"

对很多品牌来说，制作高定时装的成本远大于售价，高定已不再是品牌的主要收入来源，那为什么还要保留高定呢？

从品牌方面来看，很多高定礼服是为明星走红毯、参加盛大派对定做的，这使得它成为品牌的一面橱窗，可以展示设计师的伟大创意和精益求精的工艺。它为品牌增添了闪耀的光环，为旗下的成衣、鞋履、香水等相关奢侈品产品线提供灵感，以及通过授权为公司赚取更大的利润。

高定存在也有深远的意义。它是创意和工艺的顶峰，是行走的时装博物馆，是一曲颂歌，歌颂业内最顶尖的设计师和工匠的成就。如果某一天高定彻底消亡，意味着时尚业也将失去创造力，绝对是一件坏事。

位于巴黎康朋街的香奈儿店面

香奈儿的高定工作室网罗了全球顶尖手工作坊，有纽扣坊 Desrues、山茶花和羽毛坊 Lemarie、刺绣坊 Maison Lesage、钩针刺绣坊 Montex、鞋履坊 Massaro、制帽坊 Maison Michel、金银饰坊 Goossens、花饰坊 Guillet、手套坊 Causse、褶饰坊 Lognon、羊绒坊 Barrie Knitwear 和粗花呢坊 A.C.T.3。它在苏格兰还有羊绒工坊。这十几个工坊的能工巧匠密切合作，发扬精致讲究的艺术传统，发挥匠心独运的创意，以独特超群的技术创制了巧夺天工的极致时装精品。

欧洲各地有很多这样的作坊，它们历史悠久，但随着高级时装的衰落，这些手工作坊经营困难，面临破产，家传几代的手艺逐渐消亡。香奈儿，还有迪奥这些大牌收购了它们，不仅扶持了就业，还保留了传统工艺，从文化生态上讲也是很有意义的。

工作中的香奈儿

作为高定客户，你享受到的服务

　　对得起你付的每一块钱

　　高定从诞生起就是为极少数人服务的，到今天客户仍然人数稀少，全球约有 4 000 人。新一代顾客青睐高级定制时装，仍是因为它的独特和奢华。顶级的高级成衣，买一套就要花 15 000 欧元，为什么不再多花一点定制高级时装呢？那是绝无撞衫之危险的，还意味着尊贵、独一无二的服务。

　　首先，客户们会被邀请来巴黎的高定秀场看秀。时装周上我们更多地关注了明星和街拍达人，其实品牌的 VIP 们才是他们最重视的"头排（牌）"——坐在第一排的贵客。这几年，一些品牌也在中国香港特区举办静态的高定预览，以方便亚洲的客人们了解最新的设计。现场还有工匠，顾客有需求随时可以与之沟通。

在新装秀上，客户选中心仪的款式后，来到巴黎的工作室与设计师、工坊负责人商讨各项细节。这些细节，《国王与诸神——约翰·加利亚诺、亚历山大·麦昆的人生起落与时尚帝国的兴衰》一书中有相关的描写。

在巴黎，工作坊负责人（法文叫 Première d'Atelier）会耐心地与首次试穿的顾客商讨各项细节。高定客户在时装屋有自己专属的人台，完全符合自己的身材尺寸。在私人试衣间度量尺寸后，设计师就在客户的人台上用白布复制她相中的设计。为什么呢？因为客人的体型尺寸、比例、精神气质、个性等因素与模特完全不同，需要就同一件设计进行调整。调整的过程，业内称为"假缝"。

怎么调整呢？如果款式是对称的，第一次假缝只做右半边，如果是不对称的款式，则需要做全身。经过反复的斟酌和修改，取得满意效果后，再用真正要用的面料进行裁剪，进行第二次假缝，并查看衣料的图案和颜色对整体造型的影响。这一次修改完善后，最后再组装起来，进行总的假缝，以确认设计的效果。一件高定至少要进行 4 次假缝，有的品牌甚至多达 20 次。

顾客要飞到巴黎试穿衣服，设计师在真人身上进行假缝，目的是让时装适应人体活动的需要。假缝时，设计师会依据顾客的体态作出各项修改，纠正裁剪或者打版时的错误，比如衣服是收窄还是放宽，是裁短还是加长，是否需要修造袖孔，等等，并悉心查究每项细节，如布料的轻柔度、背心的下摆、领口的剪裁等，巨细无遗。

真正开始制作了，每个工序都经过精心安排，绝不能马虎了事。一套精致典雅的套装最少需要 200 工时完成，华美的便装则需 150 工时，晚装更不能少于 250 工时，如果有刺绣装饰，需要的时间更长。一件极致华贵的服饰如婚纱，更需要 800 工时的精力和心血才能完成。比如詹巴迪斯塔·瓦利（Giambattista Valli）的一件高定晚礼服，需要花费 250 工时，使用 6 000 米面料。

之后，顾客至少还要试穿一次。总之，她等待 3 至 5 个月才能穿上，而一件高级时装也许只会被穿一次，至多 2 次。

如今，高定品牌创造出一种新的服务方式"飞翔的裁缝"：只要客户需要，这支队伍即刻飞到客户家中，不管她在世界的任何一个角落，免得顾客多次飞到巴黎劳心费力，还替顾客省了费用。

为什么高定能挺过一次次
经济危机?

　　高级定制时装处于时尚产业链最高端,是奢侈品行业的象征。总有人发出"高级定制时装要完蛋了吗?"之类泄气的论调。20世纪 60 年代,香奈儿小姐抱怨:"高级定制时装之所以完蛋,是因为它被掌握在不喜欢女人的男人手里。"克里斯托瓦尔·巴伦西亚加(巴黎世家品牌的创始人)也痛斥流水线让时装有了纵欲的形象,愤怒地说:"这真是狗过的生活!"干脆退出了时装界。

每逢经济下滑、金融危机，人们也会想当然地认为，奢侈品应该是信贷紧缩的第一个牺牲品。实际上奢侈品业不仅存活了下来，还长得蓬勃茂盛，10年来，香奈儿高定业务每年按20%递增。虽然T台上穿着高定的模特们一如既往地瘦弱，但她们的瘦也非食品短缺造成的。她们展示的乃"朴素的富足"，不会让人联想到大萧条时代去慈善机构喝免费热粥的场景，而是要让"没粥喝就吃肉糜"的富豪们痛快掏出黑卡。

动辄10万欧元起步的高定，能躲过一次次危机，有审美的原因。法国时装设计师伊娜·德拉弗拉桑热是名模出身，她就曾欣慰地说："生活中总是需要些极致的东西，所以上帝安排了高定的存在。"

高级定制时装的穿着者主要有两类人群：超级富豪的太太、女儿，还有娱乐界女明星。女明星身上的华服大多是从品牌那里免费借来的，或者品牌花钱请她们穿的。

花了真金白银买高定的女性富豪，大多来自俄罗斯、印度、中东，以及亚洲地区。她们的老爸、老公在 2000 年前后因为投资金融业、IT 业、能源行业等，轻松完成了财富的原始积累，从而跻身超富裕阶层。"新钱"们渴望用写着五位数的价签来巩固自己的新形象，他们渴望拥有独一无二的、别人都买不起的东西。

美林集团全球财富管理部曾经发布的一份报告提到，"富裕阶层和超富裕阶层的消费仍然居高不下。不管经济状况如何恶化，有钱人还是会继续在艺术品和奢侈品上花钱。这从历史的角度上解释了奢侈品业总能挺过全球经济衰退的原因。"而高级定制时装，用华伦天奴集团总裁斯坦法诺·沙西的话说，它"意味着极致、优美、豪华奢侈和一对一的关系，让富豪们消费了'独一无二'。这种消费超越了时间，永远都有生存空间"。

我曾采访过权威的时尚资讯、潮流分析网站 WGSN 的亚太区总经理朱莉·哈里斯，她告诉我，"每款高定礼服仅生产一件，它永远站在象牙塔最高端，带给消费者的社会学意义永远不会变。经济学原理在高级定制业是不起作用的，因为富豪对奢侈品的消费不受经济走势的影响，对奢侈品的忠诚也不会跟着股票下跌。即便受影响出现些微下滑，一旦经济复苏，奢侈品行业也是恢复最快的"。

这也就能解释为什么巴黎世家会在1986年起死回生，夏帕瑞丽也在2012年重新开张。

今天，高街品牌服装每两周就上一次新，潮流迅疾更迭之后，我们发现一切都会过去，什么也没有留下。而高定时装之于女人，犹如爱情在我们心中的分量，渴望留住它们的永恒性。它是生活的梦想，是设计师、女性对时装艺术、生活品质极致的追求。

成
衣

第
1
讲

没有高定时装,
就没有快时尚

做衣服离不开缝纫机。缝纫机发明的时间是 1846 年, 它大大
解放了裁缝的劳动力。但是直到 20 世纪 20 年代, 缝纫机才开始
广泛运用在服装厂。这要归功于面料技术的革新, 比如出现了一种
新的化纤面料, 人造丝。人造丝的手感和质感足以与天然丝绸以假
乱真, 制作出来的服装成本却只有天然丝绸的 1/3。于是, 流水线
制作的女士时装开始出现, 被称为"成衣"。

一个重要的时间节点是 1960 年代。这个时期，"第二次世界大战"后婴儿潮的一代成长起来，欧美社会开始流行摇滚乐、青年运动、巴黎学潮、避孕药、超短裙、安迪·沃霍尔、嬉皮士，文化生态空前丰富。相应地，服装业也发生了一场浩大的革命，成衣业蓬勃兴起，大街上的连锁成衣店越开越多，且生意红火。工业化、大批量的成衣使得普通上班族、家庭主妇花很少的钱就能追赶上最新的潮流。以往专属于上流社会贵妇的高级时装也开始批量生产，出现了高级成衣，中上阶层的女顾客也买得起。

这时，我们现在熟知的服装业体系正式形成了。服装大致可分为高级定制时装、高级成衣和大众化服装，高级定制时装处于整个体系的顶端，高级成衣处于中间阶层，大众化服装是批量生产的成衣，处于整个体系的底层。有了成衣，服装的等级观念开始模糊，仅凭一件外套，你再也无法分辨出谁是公主，谁是伯爵小姐，谁是金融界精英，谁是教师、护士。这也迎合了当时全社会追求平等的时代精神。

从成衣上架那一天开始，就总有人拿成衣和高级定制时装做比较。虽然这两类服装定位完全不同，表面上看，它们并无可比性，内在却有千丝万缕的联系。就像纺织品，是用千万根经线和纬线交织而成。

对设计师和品牌来说，高级定制时装是品牌搞的形象工程，每年亏损以千万欧元计，现状尴尬。品牌的盈利主要靠香水、化妆品、鞋、手袋、首饰、手表等配饰的销售。所以巴黎设计师让－保罗·高缇耶说，他更愿意把精力放在"时尚潮流"上，不想花太多精力去琢磨成衣和定制女装之间的区别。有一种普遍的观点认为，高级定制时装对现代成衣毫无意义，除了在T台上表演一次，再无展示的机会，永远不可能穿到现实生活中来。它甚至不具备每年两次四大时装周的功能，无法充当下一年度流行的风向标。

实际上，快时尚品牌从高定时装那里窃取了不少灵感和动力。怎么窃取的呢？

一是拿来主义。蔻依（Chloé）、古驰（Gucci）、莫斯奇诺（Moschino）、马克·雅各布（Marc Jacobs）等品牌的作品因为可穿性强，成为抄袭的重点，稍加改动就摆到了自家店里。或者干脆直接挪用某个细节。

二是与大牌设计师合作。几乎所有服装零售巨头，ZARA、Topshop、优衣库，都曾一掷千金请来设计大师，推出联名款，好让几百块钱一件的衣服显得不那么大路货。每当联名款一上架，都会被渲染成公关神话。

三是从大牌挖走关键的设计师。沃尔玛销售总监自豪地说，他们的服装设计师队伍可以提前 9 至 12 个月推测流行趋势，准备好面料，在最合适的时间开始生产，并且有能力每 4 至 6 周换新货，随时把最活跃的潮流元素加进去。对设计师个人来说，和连锁快时尚品牌合作非常重要，起码学会了如何在市场、成本和才华之间找到平衡。

　　绰号"卡尔大帝"的已故设计大师卡尔·拉格斐却生气了。他是第一个与快时尚品牌合作的高定设计师，他与某快时尚品牌的合作是时装史上的划时代事件。他非常生气该品牌把他设计的服装全部做成了14至16号。你什么时候见过香奈儿的时装会穿在胖女人身上？对一个信奉完美原则和精英主义的大师来说，这是侮辱。他始终认为，衣服要么是最贵的要么是最便宜的，二者不能妥协。他不能容忍快时尚既想不劳而获，又妄图模糊高端时尚（High Fashion）与高街时尚（High Street Fashion，即快时尚）的阶级差异。他发誓再也不与快时尚品牌合作，哪怕在商业上取得了多么辉煌的成功。

我们为什么都愿意去
麦当劳式的服装店?

已故著名设计师阿尔伯·艾尔巴茨,曾在法国奢侈品牌浪凡(Lanvin)担任创意总监,他说:"只有在设计高定时装时,设计师们的灵感才能天马行空。但是,今天的时尚不再需要艺术创作,它要的是新、再新、更新,时时刻刻都要新。"

忍耐往往被看作一种美德。但是,买衣服这件事儿,我们不喜欢等待。衣服,仅仅耐穿是不够的。我们想穿上当季的新款服装,马上！托高街品牌的福，T台上最受好评的时装，几周后，我们就能看到它们的拷贝版，并且价格便宜，人人都买得起。

服装，在21世纪变得像快餐一样，流行很快，购买方便，款式没那么吓人，各品牌之间仿佛有默契般一致推出某种款式。ZARA、Gap一类高街品牌的衣服，没人会打算穿一辈子，过了一季不喜欢了就扔掉，还不会有负罪感。它们就像麦当劳，肚子饿了用它们应付一下，谁都不会把它当五道菜的正餐；它们也像麦当劳，用薯条和汉堡的标准化横扫了全球，所以也叫"麦当劳式的时尚"。走进不同国家的ZARA、Gap商店，都能买到相同款式的衬衫和牛仔裤。它们的Logo也像麦当劳的金拱门那样深入人心。

快时尚似乎一夜之间就占领了世界，在最短的时间内实现了最大的扩张。如何扩张？靠扎堆儿。从20世纪90年代初，服装零售业就开始流行"扎堆儿"，就是某个品牌在一个地方开好多家店，店和店之间离得很近，近到一条商业街上可能会有四五家。这样，就给自己的竞争对手带来很大的压力，当它们竞争失败被迫关张，你才能有一席之地。而高街品牌资本雄厚，就有能力开越来越多的店。

今天，品牌的设计越来越雷同，大众流行品牌卖的东西更是如此。品牌的关系就像麦当劳和汉堡王，卖的东西名字虽然不一样，传达的信息却是一样的。它们的店里除了必有的卡其布裤子和纯棉汗衫，一定有镶金属扣的腰带、印着酷酷口号的 T 恤、棒球帽、厚厚的纯棉卫衣、毛衣、包包。就连代言人也是一个风格，让你发自内心地觉得它们的服装是你衣柜中必须要有的。

说起来麦当劳时尚也挺乏味的。当然它也有优点，就是给了我们安全感，穿上它不会觉得脱离群众和时代。绝大多数人穿衣服都是随大流，除了那些名人。一般人为了保险起见并不愿标新立异，但是也想表现自己的个性，可又不想太过分，让别人认为自己是个异类。

在大家都认可的商店里购物，有一种归属感。这些牌子已经取得大众的信任，你就不会因为你的选择被别人嘲笑。就算你穿得再普通，只要是从这些商店里来的，就很安全。自己去淘衣服，很容易走眼，以至于被别人笑话。

不仅衣服本身带给你安全感，在商店购物的体验也是一个重要原因。在麦当劳吃东西，你只需要提前在手机上点好餐。在高级精品店里，别说买衣服，就是摸一摸，看到店员们目不转睛地盯着你，竖着耳朵听你的使唤，都觉得胆怯。如果斗胆试了一件衣服，又不合适，店员立刻为你量尺寸，折腾一通再不买，你就难堪、内疚去吧。

但是在麦当劳时尚的服装店里，就是另一种感觉了。店员们张开双臂迎接时尚盲们，鼓励你去摸、去试。同时，还有一些有名的设计师，也为麦当劳时尚做设计，这给了普通人很好的感受，觉得自己在大街上的普通商店里也享受到了设计师的服务。

谁都没指望能在麦当劳时尚店里买到多高档的货色。恰恰相反，如果你发现什么东西做得很不错，还会觉得很吃惊。当你看到ZARA的女装分多个系列：Basic系列为日常服装，价格定位适中，面料、设计、剪裁实用、时髦；TRF系列专为年轻女性设计，以迎合她们独特的品位和需要；Woman系列是ZARA的经典，汇聚了国际流行元素，海军款式、拉美风格、都市撒哈拉、海滩装、性感夏日、哥特迷惑等，各种风格都是根据潮流而来的——你的心里会多么欣喜啊！

不知道你发现没有，ZARA从来不做广告，也不和顶尖设计师合作制造噱头。他们把钱用在黄金地段的店租上了。ZARA在中国大陆的第一家门店，开在上海南京西路，店址在恒隆广场对门。为了拿到上海最繁华地带的店铺，它耐心地等了一年。ZARA总是先在大城市最繁华的路段开店，然后再把触角伸开，把品牌影响力辐射到全国。这就像一滴油在布料上慢慢延展，因此这种策略被称为

"油污模式"。ZARA 的连锁店总是与奢侈品牌为邻，努力打扮成高级时装店，这让它有了很好的辨识度，同时营造出"人们渴望拥有"的气质，并让它有别于其他麦当劳时尚品牌。谁都没指望在麦当劳时尚店里能买到多高档的货色，因此一旦你发现 ZARA 环境幽雅，衣服做得很不错，就会有意外之喜。当我们说衣服是从 ZARA 买的，一点儿也不会感到难为情，可是 H&M 就不能带来这样的心理效果。

高街品牌之所以叫快时尚，是因为它靠的是"快速的时髦"。在快时尚出现之前，服装业无论如何与"速度"不沾边。服装业历来都是按一年 4 个季节销售服装，而 ZARA 等高街品牌完全按照消费者的喜好推出新装。ZARA 有一个 5 周计划，意思是某大牌设计师推出新设计，他们就要在 5 周内推出拷贝版。ZARA 每年生产 2.2 万个服装系列，每两周上一次新货，卖掉的不补货，这就带给消费者紧迫感：你看中一件衣服没有立即下手，可能就永远买不到了。

快速的时髦仿佛毒品，又便宜又快，还让人上瘾。"血拼"会给大脑一种快感，很多女人都有体会，买了件新衣服，会让自己有成就感和自信，哪怕只是昙花一现的感觉。除了在试衣间和收银台排队要浪费一点时间，买快时尚的衣服，从进入商店到提着购物袋离开，花的时间非常少——选好一件，试穿，付钱，就这么简单。

你会发现，每一个 ZARA、优衣库、MUJI 的店，货品陈列的位置都差不多，你不管走进哪一家，都知道想要的东西摆在什么地方，径直就去了，很方便。这是品牌的心机，为了让顾客方便、快捷地购物。内衣品牌"维多利亚的秘密"连锁店也是如此，丝绸睡衣挂在一进门的地方，内裤摆成扇形放在店堂中央，文胸在店堂后面区域。想买内衣？你根本要不了几分钟就能把事情搞掂。

当然，店家也不想让你买得太快。快时尚品牌希望你能多看看，多转转，晃悠的时间越多，送到他们口袋里的钱就越多。有本书叫《我们为什么买东西：购物的科学》，书中说，在我们所购买的东西中，有 70% 其实一开始我们并没有打算去买。

那我们为什么又买了它们呢？在快时尚品牌店里，你不用思考什么，一切都事先安排好了。比如，各种尺寸已经细细分好，一起搭配的衣服也陈列展示好了，店员会适时出现在试衣间的门口，给你一些建议。而这种店堂布置最大的特点是，不管你在里面买了什么，都特别容易找到搭配的单品。一条长裤，为你提供了很多可以搭配的衬衫、夹克，即便你是一个时尚盲，穿上这一身也不会显得落伍。现在的顾客都很懒，而且越来越懒。所以现代零售业的赢家，就是让顾客花最少的精力来买东西的人。

你觉得快时尚乏味，丧失了时装的审美价值？有人会说快时尚给了普罗大众选择的自由。在没有受过时尚训练的普通人看来，一条设计师品牌的牛仔裤和优衣库、ZARA 的裤子没太大区别。如果快时尚给了我们更宽泛的选择的自由，为什么一定要选设计师品牌的呢？我们又不是知乎上年收入 500 万的有钱人。

最后我想说，快时尚给我们的不过是虚幻的自由。快时尚的一致性，剥夺了衣服本身的价值，更吞噬了我们的个性。时尚诞生似乎就是为了被抛弃，这真是一个缺乏穿衣创意的世界。

优衣库和猪排饭

每到冬天，我就会给很多人安利优衣库的薄羽绒服。北方冬天没法穿呢子大衣，太冷，里面穿一件优衣库的薄羽绒服，暖和又不臃肿，很有型。穿大衣总是比鼓鼓囊囊的羽绒服好看，不管这羽绒服是蒙口（Moncler）还是加拿大鹅（Canada Goose）。

只要有购物节，优衣库就会成为最大的赢家。对此我一点儿都不吃惊，优衣库横扫天猫，横扫全球，是"日本猪排饭"的又一次胜利。猪排饭的梗来自一个日本潮流专家打的比方。他说，猪排原来是德国食物，传到日本后，日本人配上米饭和味噌汤，用筷子吃，反而成为外国人眼中地道的日本料理。

日本人最擅长吸收外来文化，然后将其内化、挪用，再重新转销出去。优衣库是日本人对美国常春藤风格的一次"猪排饭式"反向输出。什么是常春藤风格？常春藤风格就是美国东海岸大学生们喜好穿的服装，比如辫子花套头毛衣、有数字图案的毛线开衫、垫肩不明显的三粒扣直身西装上衣、领子上有扣的衬衫、百慕大短裤、乐福鞋。

又是谁把常春藤风格引进日本的呢？这要提到日本的时尚教父石津谦介。石津谦介 1911 年出生在一个富商家庭，他天生爱时髦，小时候会因为某间学校的校服漂亮而转学去离家很远的学校。他也会让裁缝巧妙地改动校服的一些细节，让学生制服更时髦。20 世纪 20 年代末，他在东京上明治大学，成立了学校第一个摩托车俱

常春藤风格着装 *摘自《这不是时尚》*

乐部，穿伦敦萨维尔街定制的三件套粗花呢西装，是日本第一批街头时尚 KOL。

日本历史上没有发展出自己的时尚体系，是个时尚荒岛。第二次世界大战前，日本女装学巴黎，男装模仿伦敦萨维尔街；日本战败投降后，美国接管了日本，开始对日本进行重建，贫困的日本人也视美国为文明与繁荣的象征，很自然地渴望效仿美式风尚。那时的日本社会，已经接受了女性可以追赶世界潮流，但是男人的衣着仍然非常单调，而且受到了严格的限制，上班族必须穿西装，学生只能穿学生制服。如果关注外表，希望通过打扮来表现自我，那你不是虚荣的娘娘腔，就是一心要勾引女人的"好色一代男"。一个男人和集体穿得不一样，会被视为行为不检，受到社会的排斥。

石津谦介决定为日本工薪阶层开发时髦又质优价廉的成衣，他成立了一个品牌 VAN，主打常春藤风格。石津谦介引进这种风格的时候，也做了日本式的改良，比如裤腿会改细，裤脚提高，看上

常春藤风格着装　　　　　　　　　　　摘自《这不是时尚》

去既时髦又不会时髦得太嚣张。

石津谦介和他的 VAN 塑造了日本男装的基本风格，他的公司也成了男装业的培训学校。1978 年，VAN 破产，数千名 VAN 职员转到其他服装公司就职，受到神一般的礼遇。其中一位名叫柳井正，他父亲开了家专营 VAN 服装的商店，所以柳井正非常熟悉常春藤风格。VAN 破产后他索性自己创业，开了家"独一无二的服装仓库"，简称"优衣库"。优衣库卖得最好的产品是摇粒绒卫衣、羽绒服和羽绒夹克、T 恤衫、发热内衣，但主打还是常春藤风格的牛津衬衣、海魂衫、帆布裙、卡其长裤、休闲西装、圆领毛衣。因为是男装起家，优衣库的女装也走中性路线，没有突出的性别特征。

有趣的是，优衣库在打进美国市场后，早就放弃了自己传统的美国人反倒通过优衣库重新对常春藤风格产生了兴趣，兴起怀旧风潮。常春藤风格是万金油，有潮流人士说，如果你不知道当下流行什么，就找件常春藤风格的衣服来穿。这几年，美国品牌汤姆·布朗（Thom Browne）在中国很火，它走的是美式传统风格，但仔细看，它推出的瘦窄纤细的西装、九分裤脚的西式长裤，根本就是日式常春藤风格。

Normcore 怎么就
最时髦了？！

今天，人们说起优衣库，很少再提及它的常春藤风格，会说它是 Normcore 大本营。优衣库的 T 恤衫、卡其布裤子、衬衣，万年不变。

Normcore 是一个硬造出来的词，由英文单词"Normal"（常规）和"Hardcore"（硬核）组成。这个词是什么意思呢？简单来说，就是以实用而舒适的穿着为前提，以"故意穿得很单调、没有特色"为主旨，在减低品牌辨识度的同时，让自己的穿搭既平凡自在，又不失格调。还是想象不出来？请脑补一辈子只穿黑色高领套头衫、牛仔裤的乔布斯的形象。想身体力行？很简单，不管穿什么衣服，哪怕是高级定制时装，只管在脚上蹬双朴素（一定不能选霓虹色）的运动鞋。

Normcore 是舒适搭配还是乏味无趣，因人而异。这股潮流发端于 2013 年 10 月发布的一份市场趋势报告，报告是为伦敦蛇纹岩画廊的一组展品做的，其中一个章节名为"Normcore"，撰写报告的是 5 个年轻人。报告发布后 5 个月都波澜不惊，他们的一位记者朋友突然注意到这个词，2014 年 2 月，这位记者在《纽约》杂志上发表了一篇文章，标题中用了这个词。文中认为"Normcore"确立了一种时尚潮流，也就是反对时尚，返璞归真，不穿设计师服装；而且这个词传神地概括出一种"见多识广的时髦"，那些见惯时尚风云变幻的人故意穿得"像游客"，标配是马球衫 + 杂牌水洗

牛仔裤 + 白色棉袜 + 运动鞋，马球衫下摆还要扎进牛仔裤。

这篇文章立刻在美国一些年轻媒体人中掀起了吐槽的欢快热潮，有人指出，Normcore 更代表了一种社会态度，指人们用穿衣来表明自己属于哪一个社会群体。

这时正逢时装周，时尚妖孽们从四面八方聚到四座大都市，编辑、设计师、博主们如饥似渴要为新潮流编出个说法，这个词儿撞上门来，正合我意。有些设计师不喜欢夸耀，推出的新系列尽可能去掉一切修饰，快快快，我们时装编辑写秀评正好把 Normcore 贴在这股潮流上。就这样，Normcore 传播开来。

没过几天，高街品牌 Gap 在其推特上借用了这个词，"我们早在 1969 年就已经 Normcore 了"。4 月，英国王室的威廉王子夫妇出访新西兰、澳大利亚，出于外交礼仪的需要，凯特王妃穿了很多高端品牌的纯色套裙和大衣，但她开创性地在王室服装中增加了一些"Normal"元素，比如条纹 T 恤、汤丽柏琦（Tory Burch）

连衣裙，以及乔纳森·桑德斯（Jonathan Saunders）毛衣，也有高街品牌的运动鞋，都是有运动功能、实穿的服饰，于是媒体称她为"Normcore 公爵夫人"，又掀起一轮小高潮。

这个词流行到连医学杂志《柳叶刀》发表的一篇文章中都用到了它。牛津大学出版社把它评为"年度新创词汇"，各家时尚大刊纷纷报道设计师们以此为主题的新装设计，连 007 演员丹尼尔·格雷格走红毯都穿的是套头毛衣。

一开始时尚圈没有人真的认为自己就是 Normcore，最多就是讽刺某个人"你犯不着起床就穿上盛装吧"。时尚圈之所以接纳这个词，是要发出另一种时尚宣言。时尚业原本自成一体，是个封闭的小圈子，社交媒体盛行后，被迫吸纳进很多花红柳绿的草根潮人。于是，核心层的人物开始拒绝"时髦打扮"，他们穿一种制式装扮，比如穿整身的运动装，故意不透露任何潮流信息的元素，拒绝被街拍，故意扮演出"无趣"，似乎真要泯然于众人。我是谁？你们猜去吧，把我看成游客最好。

很多评论众口一词说，Normcore 令人怀旧地想起低调、带有运动活力的 1990 年代风尚。对此我不敢苟同。请认真看看英国时尚摄影师柯伦·戴尔（Corinne Day）在 1990 年代初拍的时装大片吧。他拍的片子中，模特表情懒洋洋的，混搭穿着白色 T 恤衫、毛边牛仔短裙、勃肯（Birkenstocks）笨鞋，酷极了。她们一副高冷的样子，分明在说，乔布斯有过时尚亮点吗？他穿 Normcore 的衣服只是出于基本的身体需求吧。

第
5
讲

中国时装的萌芽

　　2022 年的北京冬季奥运会开幕式上，两位本土年轻设计师的
设计大放异彩。他们是陈鹏、王逢陈。

　　王逢陈为奥林匹克会旗护旗手设计了服饰。陈鹏设计了《立春》
举杆员表演服、五环展示未来冰球服、和平鸽儿童服装、致敬人民
轮滑表演服、各国运动员举旗手服。其中，国际奥委会主席巴赫讲
话时，他身后举旗手穿着的服装，灵感源于北宋王希孟的《千里江

山图》画面，运用极具中国特色的"青绿山水"色调，勾勒出山峦、长城的轮廓，用当代时尚语言全新演绎了中国韵味。

冬奥会开幕式上的光彩，并非突如其来。2010 年后，中国本土品牌和时装设计真正开始崛起。经过改革开放四十多年的发展、积累，中国不仅仅是世界工厂，同时中国时装业也有了跻身国际 T 台的真正实力。

中国时尚的萌芽发生在 1979 年。这一年，皮尔·卡丹在北京民族文化宫举行了中国改革开放以来的第一场服装表演。皮尔·卡丹的这场时装表演名为《大城北京》，展示了卡丹设计档案库里的 220 套服装，8 位法国模特和 4 位日本模特穿着这些服装在天桥上行走，被台下观众称为"过于大胆，不敢正视"。

这场秀只针对服装行业内部人士，只有极少数中国人看到了这场时装表演，而且皮尔·卡丹（Pierre Cardin）品牌也是作为"美学概念"进入中国的，但对中国大众做了"时尚"的普及，标志着中国时尚产业的开端。

这一场史无前例的服装表演是启蒙式的，催生了中国第一支模特队。在法国教练的帮助训练下，来自各行各业的约二十人组成了中国模特队，1981年10月在北京饭店演出了"首秀"。而后的1985年，12名中国模特在皮尔·卡丹的资助下去到巴黎演出，拍下了一张著名的照片：中国模特手举五星红旗，乘敞篷汽车经过凯旋门。时装，终于在中国人的生活中小荷才露尖尖角。

今天的"90后""00后"或许不能想象，40年前，我们只有凭定量发放的布票，一年大约添置一件新衣服。新三年、旧三年、缝缝补补再三年的计划经济时代，时装对被老外称作"蓝蚂蚁、绿蚂蚁"的国人来说，仿佛是一个比外语还要难以理解的词，甚至还被批判为"资产阶级生活方式"的代表物。

1983年12月1日，使用了30年的布票终于宣布取消，纺织品和服装终于面向10亿人民开放供应。真正的中国服装内需市场从这之后，才开始成形。

改革开放后的相当长一段时间内，纺织服装行业成为中国经济尤其是进出口贸易的支柱产业。我国纺织品服装出口额从 1986 年的不足 100 亿美元，到 1993 年即增长了 2.17 倍，成为第一大类出口创汇产品，对国民经济发展的贡献巨大。强大的加工制造能力赚取了"世界工厂"的名声，也为中国自主服装品牌的发展壮大奠定了坚实的加工优势和产业基础。

1992 年之后，雅戈尔、杉杉、白领、例外等生产型中国自主服装品牌先后创立，中国时装产业初具规模，生产线上的衬衫、西服成了中国人最热门的时尚潮流。

第
6
讲

中国设计师的成长

1993 年，是中国时尚产业的一个分水岭。

这一年，在当时的国家纺织工业部和对外经济贸易部批准下，首届中国国际服装服饰博览会诞生。时任国家主席江泽民在北京中南海接见了来参加首届博览会的 3 位欧洲时装设计大师：皮尔·卡丹、瓦伦蒂诺·加拉瓦尼和詹弗兰科·费雷。

1993 年，中国服装设计奖——"兄弟杯"中国国际青年服装设计师作品大赛开始举办。"兄弟杯"已于 2005 年停办，12 年里捧出了一批优秀的本土设计人才，尤其是吴海燕、王玉涛、樊其辉、邹游、武学凯武学伟兄弟、陈翔等女装设计精英。王一扬是第一届"兄弟杯"的铜奖得主，他曾为陈逸飞创立的服装品牌效力，2002年成立个性鲜明的素然（Zuczug）品牌。陈翔与妻子胡蓉也曾是逸飞时装的创始班底成员，2000 年他们联手在上海推出 Decoster（德诗）品牌，有评论称这个品牌极好地解决了东西方文化冲突。

也是在 1993 年，毕业于石油专业的苗鸿冰辞掉了机关公职，开始下海练摊，1994 年他创立了自己的品牌——白领女装。白领女装是最早取得市场成功的本土品牌，它的广告牌常常出现在大城市的机场，培养了 1990 年代公司中高层女职员们的时尚观。

1994 年，23 岁的设计师马可从"兄弟杯"中国国际青年服装设计师作品大赛一举成名天下知。她极具个人特色的"秦俑"系列作品一举夺魁，并创造了一种至今仍影响着大批中国设计师的设计范例和设计语汇。两年后，年轻的马可和同样年轻的北京服装学院首届设计班毕业生毛继鸿，在广州创立了他们的设计师品牌：例外。2012 年伦敦秋冬时装周上，例外品牌举办了一场美轮美奂的"山水·中国当代时装秀"。

本土设计师崛起，中国时装开始从 Made in China 逐渐向 Design in China 进化。

中国服装行业最初的形象是没有时装灵魂的"代工厂"，不过是赚取外汇的产业，冷冰冰的，毫无时装美的创造力。"中国制造"和"中国创造"，一字之差，云泥之别。例外品牌的创始人之一毛继鸿曾在一次论坛上说，他在北京服装学院上学的时候，一度很灰心："中国没有通过服装设计师来做服装创造的产业链。中国服装品牌是没有的，更何况中国的设计、中国创造，中国的服装文化根本谈不上。"时至今日，情况已大不一样，他和例外品牌的成功正是一个典型事例。

1997 年，杉杉集团用"百万年薪"合同签下了王新元和从美国归来的张肇达作为设计师，成为轰动一时的社会新闻，中国职业时装设计师首次走到了公众的视野里。而亚洲金融危机的爆发让一片欣欣向荣的中国纺织服装行业突然面临着巨大的考验。出口驱动型产业过大的贸易依存度，在国际经济形势下行的大环境下显得十分脆弱。而强大的"中国制造"在西方国家眼中，却是低质、廉价的形象，过低的附加值使得利润空间越发稀薄。

在纺织服装这个传统产业转型升级的思考中，提升设计和设计师的产业价值，渐渐成为共识。1997 年中国服装设计师协会主办了首届"中国服装设计师博览会"，博览会后来更名为中国国际时装周。

第一届"中国服装设计师博览会"把主题定为"设计与产业结合"，举办了 24 位设计师的 10 场时装发布会。在此后的 16 年间，中国国际时装周不间断地为中国设计师们提供和打造一个专属发布平台，将这个职业群体的产业贡献和公众影响力不断提升，并用越来越成熟的、国际化的商业运作模式，将中国设计师更大范围地推向国际时尚视野。

中国国际时装周设立了"金顶奖"，代表中国设计师的最高荣誉，迄今已推选出 21 名中国时装设计"金顶奖"设计师。

2006 年，谢锋第一个以中国设计师品牌的身份进入了国际四大时装周，之后的夏姿·陈、吉承、马玛莎（Masha Ma）、王汁、吴青青、刘芳、王海震、高杨等人组成中国设计师军团，在四大时装周上迸发出闪亮的光芒。欧美媒体评论道，中国设计师是一股不容小觑的时尚新力量。素来说话不留情面的著名时尚评论人苏西·门克斯高度评价中国设计师的才华："中国设计师们的亮相给充斥着妖魔鬼怪的世界时装舞台带来了一缕清风，也打开了世界对中国新锐设计师的认知之门。"

第
7
讲

独立设计师

如何改变中国时尚业的形象

　　如果不是刻意区分，人们往往将"服装"与"时装"混为一谈。关于这两个概念，设计师马可有精辟的解释：服装是"需要"，时装是"想要"；服装人人需要，但不需要很多，一年四季各有几套足矣；时装更多出于欲望，或是自我表现，或是向外界证明，或是为吸引眼球……总结一下就是，服装被大众信任，带给大家归属感和安全感，不会让别人认为自己是个异类。绝大多数人穿服装都是随大流，偏偏还有一些人希望通过时装展现个性，表达她／他对世界、对生活的看法，说出她／他内心的渴望。

独立设计师的作品满足了后一部分人。每一个独立设计师的品牌、每一个系列背后，都有一个故事，有自己的哲学思考，保证了时装作品的独特性。当你听到刘清扬的 Chictopia 2013 春夏系列名为"马蒂斯"，很自然会想到艺术大师作品里的色彩碰撞和风趣画面；马可给自己的品牌命名为"无用"，我们从中也能听到她对自然、欲望、奢侈、清贫等问题的解释。

如此说来，设计师也可以分为两个群体，一个服务于成衣商业品牌，设计的是流水线生产的"服装"；一个负责梦想，每半年给大家一个惊喜，他们数量有限的作品被称为"时装"。后者叫独立设计师。独立设计师是一个国家时尚产业的形象代言人。20 世纪七八十年代，川久保玲、山本耀司、三宅一生、山本宽斋等人正是以独立设计师的姿态亮相欧洲，开启了时装史上日本的设计师时代。

中国独立时装设计师分为三代:

第一代是"50后""60后",在他们学习、成长的时期,中国与世界时尚绝缘,到1980年代他们成为独立设计师的先锋,代表人物有王新元(新元)、吴海燕(WHY DESIGN)、谢锋(Jefen)、王玉涛。

中生代,是"65后""70后",此时中国在世界时尚版图中已有一席之地,梁子(天意TANGY)、马可(无用)、毛继鸿(例外)、蒋琼耳(上下)、张达(Boundless)、王一扬(Zuczug)、郭培(Pei Guo)等成为本土时尚产业的中坚力量。

新一代设计师也成熟起来,他们人数众多,成绩突出的有李鸿雁(HELEN LEE)、华娟(JUDYHUA)、吉承(JICHENG)、邱昊(QIUHAO)、王逢陈(FENG CHEN WANG)、吕燕(comme moi)、王汁(Uma Wang)、王在实(VEGA ZAISHI WANG)、

张弛（CHI ZHANG）、周翔宇（Xander Zhou）、陈翔（Ziggy Chen）、殷亦晴（Yiqing Yin）、上官喆（SANKUANZ）、王海震（HAIZHEN WANG）、陈安琪（Angel Chen）、杨桂东（Samuel Guì Yang）……他们有的出生于20世纪70年代末，多数为"80后"，甚至有"90后"，可以说，他们必定彻底改变中国时尚业的面貌，扭转中国"制造王国"的形象。比如邱昊，曾赢得澳大利亚美丽诺羊毛标志大奖，登上过福布斯"全球时尚界25华人"榜单。

总结新一代独立设计师的共同点，有以下几点：个性鲜明，多数有国际教育背景，开个人工作室之前为国内外大设计师、时装品牌工作过；他们每个人都有自己认同的文化、社会群体，有自己的设计语汇，在时装中体现出环保等人文精神，倾向于采用可持续发展的面料，比如设计师吉承用竹纤维面料制作高级女装；几乎不彼此借鉴；对自己客户的形象有清晰的描绘——中等收入，受过良好教育，有见识，有态度，有判断，不盲从；他们没有包袱，不再纠缠于中国几千年的文化、历史遗产。设计师王在实非常坦率地说："我真的不明白为什么很多人都要问我，你的设计里用了哪些中国元素……我认为我的设计已经很中国了，因为我就是在中国出生、长大的。"

做独立设计师不能高居艺术的象牙塔，一旦走出象牙塔，就面临着诸多严峻的现实。

纯粹的设计师定位决定了作品不可能批量化生产，而小量的直接结果往往是面对面料、加工等环节弱势的议价能力。而转向作坊式的结果，是设计师要单打独斗，除了负责创意，还要做打版师、采购员、质检员、模特、销售员、会计……我们常常抱怨独立设计师的衣服太贵、很难买到，原因是什么呢？

首先，从面料到工艺的全线设计、制作，加重了生产成本，并且，这个持续高起的成本完全没办法被产量摊薄。因此我们总是惋惜地看到不少独立设计师拿出几件令人惊喜的作品之后便昙花一现，难以维持常态的连续作品发布，甚至不能形成系列。

其次，独立设计师的作品投入生产后，往往量少、版型挑剔、号码不全，或者干脆只有一两件，不得不标一个相对昂贵的定价，造成的后果就是消费群狭窄到不能再窄。所以有些品牌已经非常成功，市场上仍然很难见到。

为了养活偏艺术化的个人独立品牌，国际通行的办法是设计师另外成立一个商业化的品牌，或者担任某个商业化大牌的设计总监。比如第一代独立设计师王新元，在做自己工作室的同时，也担任杉杉服装的总设计师；王一扬在"素然"（Zuczug）成功之后发布了"茶缸"（Chagang）品牌，后者只在少数制定场所出售。"无边"（Boundless）的创始人张达，曾担任爱马仕（Hermès）旗下品牌"上下"的时装和面料设计师。不久前"上下"任命了新任时装创意总监李阳，他也有个人同名品牌 Yang Li。

现在的情况已经有了很大改善，已经有一些工厂尊重独立设计师，愿意接下只有 100 件的订单。以往，独立设计师的时装找不到有资质的销售代理商，想进大型百货公司也很难；如今，越来越多的买手店、概念店、电子商务平台让这一普遍情况有了改善。值得一提的是 CFC 平台，全称为 China Fashion Collective（中国时尚集团），总部在纽约。CFC 的创始人是美国人 Timothy Parent，他毕业于哈佛大学，以销售代理公司的形式联合多位中国顶尖独立设计师，在网络上发布他们的新装秀，并销售他们的作品。这可以看作中国独立设计师走向国际化的一个标志。

这是独立设计师最好的年代，
也是最有竞争压力的年代

中国经济持续高速增长和城市化进程，带来的巨大内需市场，成为国际服装和衣着类品牌必争的蛋糕。根据国家统计局发布的《2021 年居民收入和消费支出情况》，2021 年我国居民人均衣着消费支出为 1419 元。这是中国设计师和品牌最好的年代，因为他们正在吸引前所未有的关注和支持。这也是个无比残酷的时代，宏观环境的变化正在带来新一轮的大浪淘沙。

有另外一群设计师，他们比起年轻的独立设计师来，身上仿佛少了很多光环和公众的注意力。这更像是个"服装圈"。他们中有些人为成衣品牌企业服务，创造了巨大的产业价值；有些人二十余年埋头市场，打拼出一条艰辛扎实的创业路。

设计师在商业品牌中发挥着两点重要作用：一是对消费者起到引领的作用，不管服务于崇尚潮流还是追随经典的品牌，设计师都应把符合品牌精髓同时拥有良好品位的产品提供给消费者；其次，设计师应该对品牌业绩负起一定的责任，创造出符合市场需求与品牌精神的产品来帮助公司产生利润。

对于职业设计师来说，商业利益和艺术追求两个方向坐标构成的这段区间里，任意一个点就是定位。而最大的功课，在于度，在于分寸。在竞争日趋激烈、消费者选择日趋多元和个性化的趋势之下，一批像 JNBY、Zuczug、例外、Jefen、Wang Peiyi、Huishan Zhang 这样的设计主导型品牌，经过长时间的市场摸索显然比较清楚地找到了适合自己的定位，实现了艺术和商业的均衡发展。他们的成功背后有着不变的坚持，也有无数次试错和调整。

JNBY 是公认的文艺气息十足的品牌，带有浓郁的东方布衣式的"出世"和"长情"。品牌创立者李琳、主设计师尹晓越等核心团队成员都具有文艺气质，工作状态很文艺，一个特征是他们始终在精神上与"销售指标"保持一种有节制的距离。"即便不好卖的款式，我们也会连续做好几季。"尹晓越说："我们会放弃太商业的款式。要做有趣的设计，相信消费者有一个培养、接受的过程，希望他们能在亲身体会中，去感受设计的趣味。这是一个纵向和横向的问题，与大众潮流品牌相比，我们追求的不是更广泛的追随者，而是设计的提升。"好的设计师既可以对消费者起到引领作用，也足以担当起品牌业绩的责任。

对于品牌来说，消费群的教育培养或许还需要一个比较长期的过程。尤其在断代的文化传承和美学教育现实之下，设计师的设计语言表述和消费者的生活方式体验之间，还缺少一些可以引起更深共鸣的审美价值观，也因此缺少了足够坚实的品牌认同感和忠诚度。而更加清晰的作品辨识度，则需要设计师从思想到技术各个层面对自己深入了解，精准定位。同时，全球时尚话语权依然偏向于欧美，中国消费者接受的时尚信息也依然是欧美趋势主导。要帮助中国设计师提高市场接受程度，运用全媒体的影响力和造势能力成为设计师品牌营销环节十分重要的一点。

深圳服装品牌玛丝菲尔（Marisfrolg）深谙此道。玛丝菲尔是业内公认最成功的本土女装品牌之一，专卖店开到了中国澳门、新加坡、韩国首尔。玛丝菲尔坚持用中国设计师，因为只有中国人最了解中国消费者，但会请欧美造型顾问为其新系列做搭配，参与广告拍摄的造型，比如 2011 年就请来了有意大利时尚女王美誉的艾丽莎·娜琳。此举不仅成为媒体事件，也是"培养"顾客的过程。

获得商业成功的本土精品时尚女装品牌还有 MO&Co. 和 1436

等。MO&Co. 曾被国外专业时装媒体 W 杂志和 Style.com 报道过，在时尚业赢得了荣耀。1436 长期与超模刘雯合作，刘雯深度参与设计，成为品牌的明星设计师，为品牌树立了很好的形象，有了与欧洲高端品牌抗衡的活力和实力。

中国服装行业的形象正在被重新定义。中国时尚产业已经从 Made in China 进化为 Design in China，摆脱了世界工厂形象，走上了国际 T 台，逐渐与法国、意大利、英国、美国、日本等设计强国并肩。

包包与香水

第
1
讲

你以为你拿的包包
是 IT Bag？

英国一位女政治家在脱口秀中说："包包把社会分裂为两个极端：一些人为生存苦苦挣扎，另一些人一掷千金只买了一个包。"她说得并不夸张。

包包里装满了社会历史和心理状态。举个例子，女士参加高规格的晚宴、派对，手里会拿一个小巧的手抓包、晚会包，这才合乎礼仪规范。这种场合不能用比较大的挎包、手袋。包是中世纪的僧侣和贵族发明的，用动物毛皮制成，男男女女挂在腰上，上面有家族的名称或徽章，表明佩包人的身份和地位。他们在分发救济时，从小包里掏出硬币派送给穷人，大有显摆之意。那个年代，带大包的是劳动阶层，包里面装着工具和一天的食物。

历史上，很长一段时间内，甚至直到今天，小的包都是身份的象征，并带有阶层观念：越小的包越没有实用功能，只具备装饰功能，所以只有出席上流社会派对的名媛淑女们才会拿它们。真正装杂物的包又大又重，自有助理、服务人员为她们拿。这种小手袋里除了"奢华的态度"，别无他物。可见，包的尺寸不仅仅是出于美学的考虑。

我们都知道，爱马仕、路易威登（Louis Vuitton）是顶级的皮具箱包品牌，制作这些皮具的工坊原本都是为宫廷和贵族服务的。拿破仑最早在包上用金线绣出"法国皇帝"的字样，开了一个先河，让包包成了身份的象征。爱马仕、路易威登等皮具也纷纷效仿，在 VIP 定制的箱包上打上烫金的姓名缩写。就在 2010 年之前，欧洲的一些传统奢华百货公司，还要求顾客进门只能背单肩挎包或手拿包，因为比较正式。如果你背着双肩背包，门卫会委婉地劝告你把包取下来挽在手上，否则，恕不接待。他们用这种简单的方式筛选自己的顾客群。

现在已经不需要高档百货公司对我们进行包包的普及教育了，IT Bag 的概念早已深入人心。IT Bag 中的 IT，是英文单词 Inevitable 的缩写，是"不可抗拒，必须拥有"之意。第一个 IT Bag 是 1997 年由意大利皮草品牌芬迪推出来的。芬迪设计了一款小软包，背袋很短，挎在肩上，包刚好到腋下，很像法国人把长棍面包夹在腋下，所以包名就叫"法棍"（Baguette）。"法棍"包红得不得了，也彻底改变了女性的手袋购买观念。以前，包用坏了才会考虑买新的，今天，哪个女孩没有几个爆款包呢？女性会为了服装、潮流，甚至心情而购买包包，所谓"包治百病"。

人们喜欢为浮华轻佻的东西花钱。手袋绝对属于这一类东西。名牌包是时尚品位、经济能力和社会身份的象征，它没有尺码的限制，你可以没有广告模特、街拍明星的身材，但你可以拎一个明星同款的手袋。同理，你也不会因为在死忠品牌的专营店里没买到合适的成衣就失望，总有一款包适合你。

　　手袋不像衣服和鞋，甚至腰带那样有尺码之分，一个码适合所有人，生产过程几乎没有技术含量，加之它们通常在劳动力廉价的地区生产，所以利润率高得惊人，成了奢侈品行业的支柱产品线。我们都很熟悉意大利品牌古驰，它最早也是皮具起家的，20世纪60年代初，古驰推出成衣系列。但是到现在，配饰的利润占古驰的3/4，这说明一点：配饰比成衣重要得多。这已经成为21世纪时尚行业的普遍现象。就连门店经理也喜欢手袋，因为手袋占用的库房空间比服装小多了。

　　诸多品牌，包括原本不做包袋产品线的服装品牌，都在推手袋新品，而且每个包包都有个好听的名字，这是一种市场策略。如何给手袋取名字？一般来说，可以按功用取名，比如马鞍包、邮差包、医生包；可以取个描述性的名字，比如法棍包、牛角包；如果要暗示女顾客，你买的包包有个性，那就取名叫布丽奇特、爱迪丝或艾米。总之，手袋的名字要阴柔、可爱，绝不能庸俗、普通。

IT Bag 风行 20 多年来，已经大大透支了这个概念，让越来越多女性消费者忍不住要当名牌手袋的人质，导致现在的包袋设计越来越雷同，流行寿命短如朝露。

不管时尚潮流一次次如何轮回，包包的本质终归是装东西，要实用，不管尺寸大小，内部空间都要宽裕。近几年，设计师开始对"IT Bag"的概念有了反思，包袋设计回归理性，重新重视实用性。手袋更低调、朴素、随和，很少甚至没有五金件、铭牌、logo 等装饰细节，不张扬。特别是在包袋设计中加入了运动元素，大大增强了包袋的功能性。这些极简主义的包袋透射出设计师的禅宗哲学，拿着它们立刻产生锦衣夜行的感觉，只有真正识货的人才看得出你拿的是什么，只有这个人才真正懂你。

第2讲

你拿包的方式，
决定了你个性的款式

　　套用英国女作家弗吉尼亚·伍尔夫的话，"女人要有一个自己的房间"，那么女人还应该有自己的手袋，装自己的钱，装自己那间屋的钥匙，装爱、安全感、自信、自尊。一只手袋等于一间房。有了包，不仅精神上有了空间，还说明她可以当家作主。

　　手袋已成为当今时装业的支柱，它让很多女性心甘情愿成为包包的消费人质，回望历史，包包能在时尚业独霸一方，和女性的独立有密切关系。可以说，成也萧何，败也萧何。

在 20 世纪之前，有一定经济能力的夫人和小姐外出时，携带用皮革或丝绸、棉布做的小袋子，里面装着口红、粉盒、丝绸手帕。

20 世纪初，女性要求独立，她们借鉴邮差的邮包，设计出可以双肩背的背囊，在街头演讲时，空出来的两只手就可以散发传单。女性的社会地位提高后，包的尺寸也变大了，里面装满了养家的工具。那些不需要把手解放出来的女人，照旧挽着手包，这当然也是一种社会身份的表达方式，表明她不用去工作。20 世纪的新型手袋是为女性解放唱的一曲赞歌。因此，撒切尔夫人出任英国首相后，人们称她为"第一个拎手提包的首相"。

用肩带把包背在肩上，不仅仅解放了女性的双手，更释放了女人的个性。你是什么样的女人，就背什么样的手袋。20 世纪 60 年代的时代偶像、摇滚女明星詹尼斯·乔普林，喜欢背用二手地毯制成的野营包，边缘有金属边，耐磨，售价不超过 1 美元。包里装着：

电影票根，房间钥匙，纸巾，粉底盒，眉笔，化妆包，通讯本，印着电话号码的火柴盒，吉他拨片，空的威士忌瓶子，随身小酒壶，一袋坚果，磁带，口香糖，墨镜，信用卡，阿司匹林，各种颜色的笔和记事簿，闹钟，《时代》周刊，大部头的书。她不会在包包上多花钱，却可以一次掏出一万美元现金，买辆紫色的奔驰。可以说，她的大包才能装下她不羁的精神。

从手袋的变迁中，我们得以看见女人性别角色、社会生活的变化。在今天，手袋已经不能准确传达出使用者的地位和身份，反倒是拿包的姿势更能透露你的秘密。弗洛伊德认为，女人和她们的包，还有内心的秘密，都是潜意识的反映。

比如空出两手的背法说明她独立性强、风趣、乐观，较为严肃，喜欢掌控局面；习惯垂直手臂提着包的女人坚定而自信，有条理，手里晃动的包包就像指挥棒；手穿过提手，抱着包，包包贴着侧面的臀部，这样的女人多是充满爱心、保护性强的妈妈，包包紧贴身体也是焦虑、寻求安全感的标志；手臂向上弯曲，包挂在臂弯，仿佛展示战利品，意味着她有雄心，也难以说服；单肩背小包，手扶着手袋让它贴紧身体，这是实用主义者，行动力强，她做事的动机首先是行动自由，迅速把事情做完，而不是像孔雀那般展示手袋；斜挎背带，包放在身前，这样的女人往往个性小心谨慎，寡言羞涩，视线习惯向下；斜挎背带，包放在身后，这样的女孩通常步子迈得很大，潇洒地甩着胳膊，是目标明确的都市战士。

弗洛伊德实在是感到困惑：女人为什么不把男人也放进包里！不不不，我们选择哪款手袋不是因为男女之事，纯粹是为了自己。包里不再只是装钥匙，有了密码锁甚至钥匙也省了，包包装东西的功能性不再突出；手袋成了我们的朋友和玩伴，它紧贴着我们的身体，某一段时间内它是一切。包包满足了我们的自由权和选择权后，就会给我们乐趣。除了口红、手机、信用卡，这只手袋还装得下 iPad，或者 Kindle，它们带给我们的乐趣数也数不清。

在时尚业，手袋被归为"配饰"类，可以说包包是表达我们个性的饰品。当然也有人从不遵守这些规则，比如女魔头安娜·温图尔，她出门从不带包。

第3讲

买瓶香水，买个梦想

你们知道，奢侈品公司什么产品最赚钱吗？答案是：包包和香水。夸张些说，是包包和香水养活了一个时装品牌。

英国诗人卡优·钦戈尼在她的一首诗中写道，"气息是最古老的语言，我们谁都懂"。

或许气息是最古老的语言，所以人类才会发明香水。人类历史有多长，香水的历史就有多长。非洲丛林里最原始的部落也会调制香水，因为他们懂得"气息是最古老的语言"。当我们回忆起某种气味时，往往想念的是一个人、一首歌、一趟旅行、一段谈话、一次邂逅，或者想起某天穿过的那条裙子。

《奢侈的》一书中有一个细节。一位女士来到香水实验室，希望调香师帮她寻找去世已久的母亲。原来她母亲生前喜欢用保罗·波烈生产的香水，她走到哪里，周围就缭绕着香水的东方花香。在这位女士心中，这款香水等于是她的母亲。

著名的调香师让-克劳德·艾列纳曾调制出诸多经典香水，有阿蒂仙（L'Artisan Parfumeur）的"白树森林"、梵克雅宝（Van Cleef & Arpels）的"初遇"，爱马仕的"地中海花园""尼罗河花园""李先生的花园""雨后花园""大地"，希思黎（Sisley）的"绿野仙踪"，宝格丽（Bulgari）的"绿茶"，等等。他说过，香水"是气味编织出的故事，是记忆之诗"。

通过气味焕发记忆是人类的本能。据统计，香水的消费者主要是 18 至 25 岁的年轻女性，而第一次用香水的年龄大大提前。这是因为她们的妈妈用过的香水给她们留下了深刻的气息记忆，当她们的生理和心理开始成熟，香水能让她们提前实现做成熟女人的梦想。所以，香水大师罗亚·多芬会说："买瓶香水，就买了个梦想。"

《奢侈的》一书作者黛娜·托马斯回忆她在少女时期，去巴黎蒙田大街的迪奥时装屋买香水。典雅的店堂里，中年店员穿着端庄的套裙和高跟鞋，用灰色包装纸和白色带子包装好"迪奥之韵"和"迪奥小姐"两瓶香水。这些元素告诉托马斯，什么是巴黎的时尚。

13 世纪，西班牙的炼金术士改良了酒精的提纯方法，在酒精里加入香料，便是我们今天熟知的香水。欧洲各国的王公贵族大量使用香水，促进了香水文化的流行。现代意义上的香水行业，是法国的娇兰、霍比格恩特等家族创立的。

原本，香水业是独立的行业，有自己专属的领域，是谁把它和时装搅和到一起的呢？是法国时装设计大师保罗·波烈。1910 年，波烈推出他品牌的第一支香水——黄金杯，借此他提出一个思路，香水要和时装捆绑在一起销售，"让香水有个时装的品牌"。香水可以蹭时装品牌的流量，时装品牌则可以靠香水的销售业绩来回血。

在波烈之后，设计师纷纷推出自己的香水，香奈儿推出 5 号香水，夏帕瑞莉推出"震惊"香水，浪凡推出"琶音"香水，再找高级水晶生产商制作精美的香水瓶。这些香水的香精含量为 20%~30%，称为"精粹香水"，像艺术品般珍贵，等于量身定做的奢侈品。香水的顾客群也有限，针对的就是那些购买高级时装的

精粹香水

香精含量为 20%~30%

古龙水

香精含量为 2%~5%

人。那么普通消费者，用的是便宜的古龙水（2%~5%）。

20 世纪 30 年代，品牌把精粹香水用乙醇等溶剂加以稀释，发明了淡香水，淡香水的香精含量只有 5%~15%，价格也便宜很多。这一下把香水推广到平常百姓家，奢侈品牌香水民主化开始了。20 世纪 80 年代中期，又发明了淡香精。什么是淡香精呢？这种产品的香精浓度为 15%~20%，比淡香水高一些，售价稍稍贵一些，却又比精粹香水便宜很多。

这就涉及奢侈品牌的一个伎俩。什么花招呢？我们下一讲继续。

淡香水

香精含量为 5%~15%

淡香精

香精含量为 15%~20%

香水灌溉出肥硕的韭菜

把这三种香精含量不同的香氛产品，精粹、淡香精、淡香水，都冠上了"香水"的名号，这是奢侈品牌的一个伎俩。也就是说，花了不多的钱，买了一瓶淡香水或者淡香精，可它挂着奢侈品牌的名字，还叫"香水"，这样为中间阶层的消费者营造了一个奢华梦。

就这样，大品牌制定出了"香水法则"。什么是"香水法则"？概括说来，就是通过卖给你香水，拉拢你，逐步把你培养成忠实的客户。

香水法则针对的目标群体是一般中产阶级，还有年轻人。中产阶级和年轻人，历来不是奢侈品要考虑的消费群体。爱马仕的手袋、百达翡丽的腕表、菲拉格慕的鞋子、香奈儿的花呢套装，是给上流社会 40 多岁女性准备的，更不要提爱马仕，它专给王室和世袭贵族服务。香水法则却给了你一种暗示：如果你买不起前面说的任何一件奢侈品，总能买得起一瓶这个品牌的香水吧？虽然只是一瓶几百元人民币的香水，但也标志着你成了某大牌的客户。这就是所谓的"时尚民主化"，意思是人人都能买得起一件奢侈品。

年轻人最容易被香水打动。想想，你第一次用的奢侈品是什么？多半是小时候，偷偷用的妈妈的香水。长大后，挣了工资，买的第一件奢侈品牌的产品也是香水，而不是包包。当你在 20 岁时拥有了一瓶香奈儿的可可小姐香水，到了 30 岁，买得起高级成衣了，平生第一件真正的奢侈品一定是香奈儿的。于是，一个年轻人成了某品牌的忠实拥趸。

就这样，香水掀起了蝴蝶效应，带动整个奢侈品行业成功地把重心转向了中间市场，以及年轻人。

在"香水法则"的影响下，很多没有时装产品线的奢侈老牌，比如珠宝腕表老牌，卡地亚（Cartier）、梵克雅宝等，也推出了自己的香水。新成立的品牌，一旦财务条件成熟，也会很快推出香水。

时尚界，没有推出香水的老品牌只有路易威登。这也是出于严格的市场销售管控策略，而不是别的什么原因。因为路易威登只在自己的专卖店或者专柜销售产品，而 LVMH 认为，现有的零售网络不足以支持路易威登发展香水线产品。然后，这段"传说"也在2006 年 9 月被打破，路易威登也在自家的旗舰店卖起了香水。

最后，介绍几位著名的调香师和他们的经典作品。

调香师有一个很形象的名称叫"香水鼻子"。著名的香水鼻子除了前面提到的让 - 克劳德·艾列纳，还有香奈儿小姐的御用鼻子：

一个是厄内斯特·鲍，他的代表作有香奈儿 5 号香水。另一个是亨利·罗伯特，他调配出了香奈儿 19 号、"水晶""绅士"等香水。香奈儿小姐只用过这两位调香师。

此外，知名的香水鼻子还有路易·埃米克（Louis Amic）和他的儿子让·埃米克（Jean Amic），父亲为夏帕瑞莉、巴黎世家设计香水，儿子在 20 世纪 60 年代为纪梵希（Givenchy）、皮尔·卡丹设计香水。雅克·波巨（Jacques Polge）是大众知名度较高的香水鼻子，在香奈儿小姐去世后，他为香奈儿品牌设计香水，推出了可可香水、可可小姐香水、魅力香水。

但是，今天市面上更多的香水，并不是香水鼻子灵光闪现的创意，而是香料公司流水线式的产品，像程序员写的代码。具体的细节，大家可以去看《奢侈的》一书中相关的章节，"成功的香味"。

秀场的
超现实风光

第
1
讲

时装秀，
它本来就是表演啊

时装秀，它到底是业内人士的聚会，还是时装表演呢？业内人说，它是潮流发布会和新装订货会；用手机随时随地可以看四大时装周T台、高定时装秀的新一代说，时装秀本来就是表演。

20世纪八九十年代，时装秀确实是文艺晚会、单位联欢时锦上添花的一个表演节目。这要感谢皮尔·卡丹。他是第一个在中国办秀的西方设计师。

1979 年，新华社发布了一条新闻："3 月 19 日，由法国著名时装设计师皮尔·卡丹率领的法国时装表演团在北京民族文化宫举行服装表演。台上衣着的多姿多彩与台下的一片'灰、黑、蓝'形成鲜明对比。"这场时装秀上，卡丹展示了他设计的 220 套服装，12 名模特也是他从巴黎带来的。时装秀的观众只有服装行业内部的人士，它是被当作"美学观摩"进入中国的，但这场秀掀起了波澜，中国大众知道了"时装表演"。

1981 年，皮尔·卡丹在北京饭店举办了第一个对公众开放的时装秀；1985 年在北京工人体育场举办的一场秀，观众超过一万人。中国大开大合的自然风景、深厚的历史背景给了他灵感，所以他要做宏大的时装秀，于是他把 T 台安排在了太庙、长城、天坛祈年殿、敦煌鸣沙山……这种时装秀的戏剧化风格，影响了后辈的设计师们，比如约翰·加利亚诺。1996 年 1 月，加利亚诺在巴黎的法兰西体育场举办纪梵希新装秀，来宾 900 人，已经让媒体惊诧，但和卡丹的万人看秀比起来，实在是小巫见大巫。

自 100 多年前时装秀诞生，就带有表演性质。19 世纪 60 年代，现代时装的创始人查尔斯·沃斯最早启用模特展示服装，他还把模特带到巴黎隆尚赛马场，借着赛马的背景展示新系列。这样的举动虽然不能称为严格意义上的时装秀，但取得了良好的公关效果。

20 世纪初，英国时装业先驱达夫 - 戈登勋爵夫人在沙龙里定期举办时装秀，她给模特们取了浪漫的名字，力图让每场秀讲出一个有异国情调的故事。同时期的巴黎设计师保罗·波列也举办时装舞会，并在欧洲各大剧院进行巡演。到了 20 世纪 20 年代，时装秀在业内变成主流的展销方式。这个时期的时装秀，仍然非常注重戏剧性，每场秀围绕一个主题进行表演，可能是巴黎、波斯、俄罗斯，也可能讲墨西哥、中国的故事，是名副其实的"时装表演"。

20 世纪 20 年代末的大萧条时期，为了节省开支，设计师改在工作室办秀，不对外，只邀请重要的客户、媒体社交版的记者参加。模特与观众之间没有距离，大家坐在一起，喝着香槟，近距离看模特展示新装，很闲适。这个习惯一直延续到 20 世纪 60 年代末。此时 T 台尚未发明，时装秀还是在相对封闭的圈子里举办，时装秀的重点是将高级定制时装直接卖给 VIP 客户，而不是为了宣传品牌、设计师。这种小圈子的时装发布，不允许摄影师进入秀场，设计师暗中把他们看作竞争对手派来的"探子"。

那么时装秀什么时候开始出现变革的呢？我们下一讲继续。

时装秀走上 T 台，
又走下 T 台

时装秀什么时候发生了彻底的变化呢？

20 世纪 70 年代，成衣终于全面取代了高定，这意味着时装不再迎合小圈子客户，而要面向全世界的大众，新装发布就要让更多人看到。于是，T 台出现了。T 台的环境可以容纳更多观众，也能让观众更好地欣赏服装，于是 T 台成为设计师展示成衣系列的新媒介。虽然时装秀成为公开的展示活动，但仍限定在业内，可以来看秀的业内人士不过一二百人。

　　进入20世纪90年代，人们开始想在秀场上玩些花样，便把关注点转移到了模特身上，催生出"超模时代"，时装秀逐渐转向以宣传为目的。这与设计师勇于打破常规的天性不谋而合。

　　1989年，安特卫普六君子之一的天才设计师马丁·马吉拉在巴黎郊外一个废弃的儿童游乐场办秀，除了业内人士，还邀请当地居民和儿童前来观看，现场座位没有高低、主次之分，模特就像生活在这个社区里一样，步履轻松地穿行在观众之间。这是秀场的一次革新。凭借前卫的秀场，马吉拉定义了"先锋设计师"的概念，指的就是那种在犄角旮旯办秀，也能吸引得大家趋之若鹜的设计怪咖。

　　2010年之后，一些设计师和品牌重新捡起马吉拉的民主作风，平等地安排座位；或者将秀场布置成街道，比如王大仁就把秀场分别放在运河边和大街上。

1996 秋冬亚历山大·麦昆
"但丁"系列

在《国王与诸神——约翰·加利亚诺、亚历山大·麦昆的人生起落与时尚帝国的兴衰》（下文简称《国王与诸神》）一书中，作者黛娜·托马斯认为，真正改变时装秀格局的是英国设计鬼才亚历山大·麦昆。1996年，他在伦敦东区的一座废弃教堂为"但丁"系列举办了发布会。他在教堂里搭起一个轻型钢十字架，并在十字架上吊了70个灯泡。这场秀成为时装秀历史上的一个标志：创意固然重要，秀场的地点、氛围、布景也不容忽视。

接着，1998年的春天，约翰·加利亚诺将他为迪奥推出的高定秀选在了大名鼎鼎的巴黎歌剧院。黛娜·托马斯在《国王与诸神》一书中对此有描写。她写道，加利亚诺从英国订购了2万朵戴高乐玫瑰装饰秀场，40个模特每人展示一套时装，根据时装演绎一个故事角色，整场秀持续了40分钟，大大超出了普通时装秀的时长。谢幕的时候，成百上千只纸蝴蝶从屋顶飞舞而下，落到观众身上，场面极为奢华铺张，连见多识广的评论家们都惊呼"美丽得过

1998 年春季迪奥高定秀场

分了"。

新千年是数字时代，技术开始主导世界并渗入时尚业。技术对时尚业最大的影响之一便是智能手机、社交网络成为时装秀的重要传播工具。Instagram 是时尚业人士首选的社交媒体，有了它可以传播出去的细节太多了。时装秀是一种多感官体验，但吸引眼球才是头等大事。如何吸睛？加利亚诺的迪奥秀做出了一个示范，那就是追求纯粹的戏剧性的刺激。还有品牌想尽一切办法在秀场的设计上做文章。后面我来讲讲秀场设计的那些事儿。

不办新装秀可不可以？

如果不是新冠肺炎疫情，一年 12 个月中有 8 个月，时装编辑、买手、造型师都要在世界各地飞来飞去，在巴黎、米兰、纽约、伦敦、新加坡市、里约热内卢、北京、上海、东京之间疲于奔命。

他们在干什么？去看秀。有一个统计说，纽约时装周期间，每小时都有 4 场秀同时举行。他们在风霜雨雪、炎炎夏日中拗造型，入场后坐在长凳上等迟到的大牌人物，前后搭上 2 小时的时间，只为了看一场不到 20 分钟的秀。这还不包括首饰腕表展、运动装展、内衣展，大家只恨分身乏术。

对于品牌、设计师而言，办秀是为了证明"我们也是个 T 台品牌"，"T 台品牌"保证了他们的服装、配饰可以摆在商场的黄金铺位。尤其在品牌经营不善时，更需要用一场秀来加以证明。时装秀也是直观的品牌宣传，办一场秀相当于在全球市场上喊了一嗓子："快来看我。"

行业内有条潜规则：如果设计师不参加时装周，不办 T 台秀，外界会怀疑他的品牌是不是遇到了财务危机，要倒闭了，设计师在业内就会失去信任。所以，设计师都会积极应对时装周。特别是年轻的独立设计师，他们缺乏渠道，没有财力做广告，也把时装周的新装秀当作唯一一个与外界交流的机会。

看秀的人，造型师和编辑占多数。造型师为名人、杂志工作，他们喜欢从 T 台秀中选出可以用的设计。编辑呢，要用台前幕后的造型填充杂志 6 个月的版面。社交媒体、自媒体是潮流的重要发布平台，博主们来看秀，会让新装秀同步上网。所以说，如果设计师取消办秀，他就从杂志、平台首页中缺席了。

不办秀行不行呢？汤姆·福特尝试过抵制时装秀。2010 年，他带着个人品牌低调复出，连续 5 季举办极其私密、不超过 100 人参加的新装发布会，客人不能带相机入场，与模特的距离很近，像回到 20 世纪 50 年代的时装沙龙。他希望新装不要过度曝光，聚焦在真正的业内人士那儿。但他终于对抗不过压力，妥协了。2013 秋冬季新装发布，他举办了一场 1000 人参加的秀。我采访他时，他说："我们在全球已经有 100 家店。公司在大踏步前进，没有发布会就无法满足店铺的需求，所以我必须热爱并迎接这种形式。"

第
4
讲

设计师一年
要办多少场秀?

设计师从内心来讲,是很抵触办秀的,因为办秀带给设计师巨大的负担。

我们先来大致算算设计师每年的工作量:他在 2 月推出当年的秋冬系列,5 月推出第二年的早春系列,9 月推出第二年的春夏系列,11 月推出早秋系列,也就是说一年至少要推出 4 个系列。能者多劳,越优秀的设计师担子越重。黛娜·托马斯在《国王与诸神》里披露,约翰·加利亚诺接任纪梵希艺术总监后，除了要忙着筹备春夏高级定制时装发布会，还要同时制作出 190 件早秋系列。190 件服装，这个工作量相当惊人。

再比如英国设计师乔纳森·安德森，除了个人品牌的男装、女装，还担任西班牙奢侈品牌罗意威（Loewe）的创意总监，一年要推出 10 个系列。再筹备两个品牌在两个时装周上的四场秀，压力之巨大可想而知。有很多设计师患上严重抑郁症，病因就在于此。

所有的时装系列中，秋冬、春夏两个系列在时装周上展示，早春和早秋系列没有成规模的时装周，但越来越多的重量级品牌会独自举办时装秀，越大牌越奢华，秀场选在度假胜地，邀请从全球各地前来的观众观赏。

早春和早秋系列也叫度假系列，如此大动干戈为度假系列办秀，是为什么呢？2010 年之前，设计师和媒体还不太重视早春、早秋系列，因为它们往往是基本款，是过渡产品，不需要太多的创意。但是早春、早秋分别在当年的 11 月和来年的 5 月进店销售，比秋冬款、春夏款早到店，销售时间长达半年。正因为它们是基本款，反而没那么炫耀，更实穿，价格也相对便宜，所以抢了一大块市场，设计师 80% 以上的业绩、店铺超过 70% 的年营业额都靠它们，它们是品牌的摇钱树。

真正要在时装周上作秀的春夏、秋冬系列反而不好卖。巴黎世家、普拉达（Prada）、巴宝莉（Burberry）、华伦天奴等奢侈品牌，成衣系列接近高级定制，设计思路、面料、做工都是一流的，价格非常不亲民。买手在时装周期间选好衣款后，销售商都希望设计师早点发货，好让全价货品销售时间更长些。有的商店制定了惩罚制度，如果品牌没有在规定的时间内发来服装，会被罚款。因此设计师推出每一个新设计的时间表必须考虑到店铺的要求。有统计表示，时装周上展示的新装大约 20% 根本不会生产上市，其余 80% 在品牌的整体生产、销售中只占非常小的比例，所以 T 台秀不再是产业链最重要的环节。反正不好卖，设计师索性不太在意它们的商业性，更注重发挥天马行空的创意。

时装周的采购功能越来越被淡化，时装秀的面貌也发生了巨大的变化。那么，今天我们通过网络看时装秀，又看些什么呢？下一讲，继续讲。

时装秀，
我们看的是什么

既然时装周上的新装秀卖不动衣服，为什么还要办秀呢？参加时装周的设计师，对行业而言仍然非常重要。因为他们的秀纯粹是在展示形象、概念、趋势，是为了描述信息，同时代表了一种梦想，一个充满幻想的世界。时尚业需要这样的幻想家帮助行业进化到新的阶段。

时装秀逐渐变成了大派对，参加者多达数千人，秀场的规模大了很多，模特走秀的路线和观众座位也变了。

现在流行的做法是，模特不再沿着 T 台走秀，而是根据场地的规模，走蛇形路线或圆圈路线。因此，座位的摆放也做了相应的调整。有的秀场里，只安排了一排座位，每个人都是第一排，免了谁坐头排之争。座位最多只有 3 排，便于后排观众看清楚服装，哪怕前排观众站起来拍照也不会妨碍后面的人看秀。

今天的时装秀，看头总在服装之外。那么我们看秀，除了看设计师新推出的设计，还看什么呢？看秀场的设计。

大多数时装秀的时长为 10~20 分钟。一台精心准备的新装秀犹如精华蒸馏器，要萃取出设计师的才华。它一定要先声夺人，在这特定的十几分钟里牢牢抓住观众的兴趣点，让观众通过社交媒体传播出去。

时装设计师、造型师、秀场设计师努力打破时装秀场的一切边界，让时装秀变成电影片段、舞台戏剧，或者装置艺术。总的趋势是把秀场打造成史诗大片的片场，把走秀演绎成一场完整的微型戏剧表演。

近十年来，让人至今还津津乐道的秀有几场。

一场是香奈儿2014秋冬系列的秀场，秀场变成了一座超市，一排排货架上码着"香奈儿"牌的橄榄油、牛奶、茶叶、方糖、浴

2014秋冬香奈儿秀场

盐、薯片……穿着新设计的模特们推着购物车、拎着购物篮，其实是新款香奈儿手袋，在货架间穿梭。

美国设计师马克·雅各布曾经担任路易威登的艺术总监，他在路易威登的最后一场秀是 2014 春夏系列，他把复古喷泉、老蒸汽火车、巨大的自动扶梯、旋转木马、酒店走廊，都搬到了秀场上，

2014 春夏路易威登秀场

这是路易威登品牌历史上最为气势恢宏的一场秀。模特们凌晨 3 点就起床化妆、候场了 7 个小时。这场秀 10 点开场，时长不过 18 分钟 25 秒。

香奈儿 2017 秋冬成衣系列的发布秀场俨然是火箭发射基地，在秀场中央矗立着与实物同等大小、高达 35 米的"香奈儿五号"火箭，谢幕时模特们走上发射台，围绕火箭站成一周，卡尔按下发射开关，火箭喷出烟雾，在埃尔顿·约翰的歌声中徐徐升起。不久埃隆·马斯克的重型猎鹰火箭升空，香奈儿似乎说出了马斯克星际漫游的预言。

2017/2018 秋冬香奈儿秀场

秀场上的每一种道具，不管是花草树木、流水瀑布，还是火箭火车、旋转木马，要么扮演了角色，要么负责调动情绪，要么被用作服装的对比元素。总之，好的场景不应该分散观众注意力，而应该帮助观众欣赏、理解设计师的时装作品。

但是，当下新装发布会的第一要务，是营造出超现实的梦幻，时装倒成了陪衬。这样的大场面制作要花多少钱？下一讲我来揭开谜底。

第6讲

一场时装秀
花多少钱才够?

21 世纪之前,设计师花 20 万元人民币就能办场秀,现在要 100 万元人民币起,且一切只能从简。钱都花哪儿了呢?

一般来说,办一场秀的花销有:

模特费。模特走新设计师的秀,出场费比较低,合 2 500~3 000 元人民币一场,这个价钱逐年上涨。

造型师的费用。如果是顶尖造型师来做造型搭配,一场秀的劳务费大约需要 15 万元人民币。

音乐制作费。只有普拉达才请得起弗里德里克·桑切斯这样的顶尖 DJ 编配背景音乐。

场租费。这笔钱的金额极其高昂，大多数场地要求最少租 2 天，这更加大了开支。

而最大头却是舞美设计、场地制作、灯光的费用，这些负责把秀场打造成史诗片的片场，提供的是情绪价值。情绪价值是最贵的。

要说新装秀的戏剧化，香奈儿引领风气之先。卡尔·拉格斐担任艺术总监时办的秀，风景总在服装之外。2010 秋冬成衣系列，他用真冰堆出冰山，模特们踩着水花走过融化的冰山；2013 秋冬秀，他在秀场中央安置了直径 20 米的地球仪，它缓缓旋转，亮晶晶的球面上有一面面小旗子，标志这是香奈儿开店的地方；2018 春夏系列秀，他在巴黎大皇宫里搭起壮观的瀑布，飞流直下。来看香奈儿的秀，你会误以为来到了超市、老式餐厅、私人俱乐部、游行的街头、飞机场、画廊，唯独不是秀场。

香奈儿秀场上的那座冰山高 6 米，重 265 吨，从瑞典海域采集而来。运到秀场后，又从世界各地招募来 35 位冰雕艺术家，花了 6 天时间才做出来，数小时后这个景观就不存在了。约翰·加利亚诺在迪奥的一场高定秀上，要再现北非的穆斯林市景，光撒哈拉沙漠的沙子就买了 3 万吨。新锐潮牌 Opening Ceremony 在 2014 秋冬秀场内做了巧克力墙，第一位模特上台后，巧克力浆即从墙面倾泻而下，弥漫出馥郁甜蜜的气息，散场时每一位来宾都忍不住用手指蘸了巧克力尝一尝。整场秀共消耗了约 2000 千克巧克力。

这些耗材的成本是多少？那不是我们要考虑的。这都是该花的钱，营造出了期待的效果，你不该觉得吃惊。

造梦，不就是时装行业的职责吗？只是，造梦的代价异常昂贵，香奈儿、路易威登、古驰每场秀的置景费用至少 100 万美元。这些品牌位于时尚生物链的最顶端，财大气粗，年销售额以 10 亿美

2014 秋冬 Opening Ceremony 秀场

元计，是世界上最值钱的时装品牌。为时装周的一场秀一掷千金，不过是预算中正常的一笔。

巴宝莉的前任 CEO 曾说过一句话："我们现在不再是时尚业了，我们都身处娱乐业。"用这种思路看时装秀，100 万美元如果用在百老汇制作一部舞台剧，大家司空见惯；拿去好莱坞拍电影，简直是汪洋中的一滴水，微不足道，为什么做一场秀就要大惊小怪？

那么独立品牌、满腔热情的年轻设计师怎么办秀呢？他们只能严重依赖廉价美容化妆品、功能饮料提供的赞助。一将功成万骨枯，时尚业是残酷的。

第
7
讲

时装秀
办给有带货能力的人看

时装秀的秀场从简单的 T 台变成史诗级影片的片场，提升到了装置艺术的高度，置景设计师掀起了秀场革命，起到了魔术师的作用。

法国设计师亚历山大·德贝塔克值得一提。他被誉为"时尚业的费里尼"，费里尼是意大利著名电影导演，中国观众熟悉的电影《甜蜜的生活》就是他的作品。可见，称一个设计师为费里尼是极高的赞誉。

　　德贝塔克制作的秀超过 1000 场，包括迪奥、约翰·加利亚诺、维果罗夫 (Viktor & Rolf)、维多利亚的秘密、卡尔文·克莱恩 (Calvin Klein) 等标志性品牌。他擅长把某地地标性的建筑物改为超现实的秀场空间。迪奥首次在莫斯科办秀，他在红场上竖起巨大的镜面盒子，红场上的建筑影射在镜面上，有分割有曲折，与秀场内的镜面球体呼应，很是意味深长。

　　也有品牌找建筑师事务所合作，像普拉达就喜欢与著名的大都会建筑师事务所合作。这家事务所有位合伙人叫库哈斯，你如果不知道他的名字，那也听说过他的作品，他设计中国中央电视台的新办公楼。大都会建筑师事务所为普拉达设计过一个秀场，在现场摆了 600 个天蓝色的泡沫立方体当作座位，等距排开，模特穿行其中。这种座位的排法打破了"第一排"的概念，众所周知，缪西亚·普拉达女士曾经是一名共产党员，她的秀场上人人都坐在第一排，在

大都会建筑师事务所为普拉达设计的 2012 春夏秀场

秀场上实现了平等、民主，也算体现出她的共产主义哲学观。

为什么要去掉第一排，让每个人都坐上"头排"？这要归功于时装和秀场设计师的远见卓识。他们看到了时装秀的潮流：秀场里的观众人手一部智能手机，人人都开有一个 Instagram 账号。社交平台是时尚业最大的宣传渠道，上传到 Instagram 的一段段视频虽然仅长 15 秒钟，宣传力度却大过很多强势的传统媒体。所以，每个品牌、每个秀场设计师都憋足了一口气，争取制作的秀要达到一个目的：每拍出来的 15 秒，都是一部好看的微电影。

前面我们讲到，时装秀原本只是时尚部落的内部聚会。时尚部落的成员有权威专业人士、一线经销商和殿堂级时尚杂志的时装编辑，再加上极少数最富有的贵妇。20 世纪 90 年代，"超模"群体出现了，一些大品牌挖空心思做标新立异的秀，主流媒体才开始报道时装周的娱乐性和潜在的商业价值。

而此时世界也进入名人文化时代，时尚业发现，如果名人穿着某个品牌的时装去参加奥斯卡和金球奖，或者戛纳和威尼斯电影节，就会被媒体广泛报道，登上头版，产生巨大的影响。范思哲、华伦天奴等几个品牌就开始打名人牌，邀请他们来看秀，为他们提供红毯战袍，让他们做广告代言人，在广告中出镜。于是时尚部落里多了充门面的欧洲王室成员、贵族、明星，2010 年以后又多了网红、街拍达人、KOL（也就是意见领袖）。这些名人观众本身是媒体追逐的对象，具有传播价值，在时尚行业看来，他们的名人效应意味着带货能力，可以拿来做公关宣传和塑造品牌的工具人。

怎么增加他们的曝光度呢？坐在第一排啊。只要坐到了第一排，就能被摄入镜头，于是头排座位便成为稀缺资源，四大时装周上的头排座位尤为神圣。怎么排座位？我们下一讲再说。

第
8
讲

秀场第一排坐着谁？

秀场有个潜规则：走红毯要最后一个出场，看秀却必须坐第一排。是不是坐在第一排，在某些时候比生死更重要。头排就是头牌，如果坐到了第二排，相当于没有出场。

时装周第一排的观众席怎么安排，意味深长。有的人只能出现在第一排，如果在其他地方看到他绝对不行。

第一排该谁坐呢？品牌公关只要把握一个原则就行：那就是最

有名、最有钱的人。

　　给最有名、最有钱的人留好第一排的座位后，品牌会让他们穿上最新系列的服装，故意让他们迟到，有时会迟到一小时，让他们在众目睽睽下隆重出场，坐到第一排中间，挨着品牌所属集团的大老板坐下，鼓动记者采访，放狗仔队去拍照。这样，与名人坐在一起的集团老板也会出镜，利用这个机会宣传自己的抱负，发表他对时尚行业的见解。这样对品牌的报道就不仅会出现在时尚版面，也会登上财经媒体，甚至出现在新闻版面。也就是说，品牌通过办秀，通过坐在第一排的名人，影响力出圈了，让更多的人了解品牌，哪怕只是知道品牌的名字，也有助于培养起更大的顾客群。这些消费者也许不会买高级时装，但会买香水、口红、丝巾、手袋，还有其他带有品牌 logo 的小东西，哪怕是手机壳。

　　时尚圈奉行森严的等级制度，不亚于印度世袭的种姓制度。时装秀观众席上的座次，标明了时尚圈的阶层和生态系统，赤裸裸地把名利之争摆到了台面上。你能坐在第几排，取决于你能为品牌做什么，也就是你在品牌眼中的价值，但你的价值往往由你所在的平台决定，和你本人的素质无关。很多风光无限的时尚杂志主编，像法国版 *Vogue* 主编卡琳·洛菲尔德、美国版 *Vogue* 时装总监安德烈·莱昂·泰利，他们一旦离职，在秀场上再也鲜见他们的身影。

你会说，我和设计师私交好。抱歉，这会儿没法和设计师、品牌讲交情，最多给你安排在第二排。

时装周从本质上看，和车展一样，都是贸易展销会，设计师展示的新设计，渴望买手采购它们、媒体报道它们、名人穿上它们，请来了一批最有影响力的一线买手、主编、明星，你让他们坐到第二排？那这场秀还没开场，就砸了一半。这些人开始腹诽新系列，你还指望他们给你带货吗？

坐到了头排，还要遵守不可言传只能意会的着装规则。比如，包包一定要贵，座位每靠前一排，包就要上一个档次；要穿高级设计师的时装，当然，很多人的服装不是自己买的，而是借来的；发型、鞋子也是吸睛利器，外套、大衣、连衣裙至少有一件是新一季的产品。

美国时尚作家艾米·奥德尔在她的《秀场后排故事》一书中写道，她刚入行时，看秀只能坐在后排，边缘的位置使得她可以像观察珍禽那样肆无忌惮、细致入微地审视主宰时尚行业的 VIP：他们一律清瘦、面瘫，为了被拍得更好看和社交，盛装也难掩焦虑，在高贵的自尊的驱使下，他们就去做一些毫无意义的事，比如在室内也戴着墨镜。

总之，坐到了秀场的座位上，大家纷纷露出了高级时装下的焦虑。

如今新装秀的规模越来越大，香奈儿这种顶级大牌的秀甚至会邀请3 500名观众来看秀。品牌和秀场设计师把座位全部摆成头排，模特走"之"字路线，每个观众都能清楚地拍到模特和新装。这么安排，当然不是因为"时尚民主化"。品牌的经营者们早看透了，名利江湖，纷争皆为争头排而起，好吧，你们都坐头排，你们全是头牌。

第
9
讲

时装秀上的

明星和权势人物

　　现在秀场里的 T 台形式多种多样，模特按蛇形路线走秀，让很多观众甚至全部观众都坐到了"头排"。其实还是有最最前排的。所谓最最前排，那是视角最好的座位。在这几个座位上，坐着时尚界的重量级人物和各路名人。

　　怎么分辨出谁是圈里真正有权势的人？反正，绝不是穿得最张扬的那个。告诉你一个细节，怎么判断。谁手里拿的东西越少，她就越有权势。比如时尚女魔头、美国版 *Vogue* 主编安娜·温图尔从来不拿手袋，同样强势的法国版 *Vogue* 主编也是空手。她们日常所需的零碎，自有司机和助理帮着照看。

品牌花钱邀请名人坐在最最前排，并不是图她们漂亮可爱，而是为了让自家的设计登上全世界各大重要媒体的头版。时尚界最关键的因素，从来都是"时间"二字，选头排明星也要确保在正确的时间选对人。搞错的话，你就会像在秀场穿了上一季的衣服一样成为笑话。名人选不对，错请了二线明星，意味着你犯了两个错误：

1. 你自己都不明白自己要发布的东西。

2. 你拿不出吸引一线明星的货色。

借名人扬名，初出茅庐的设计师也懂得用这一招。英国一位年轻设计师请维多利亚·贝克汉姆为自己的新装走台，尽管维多利亚在 T 台上表现生涩，但品牌一夜之间就从二线跃到了一线。斯泰拉·麦卡特尼也非常明白在竞争残酷的时尚圈用这个手段很灵验，她有个著名的披头士爸爸，她从圣马丁毕业时做毕业秀，就依靠了父辈的人脉，请来凯特·莫斯为自己走秀，还让麦当娜坐到了前排。

品牌从座位安排、秀场视觉效果等方面，已经为看秀的观众们考虑得面面俱到了，可是有多少人真正关注设计师的作品呢？香奈儿的秀邀请了两三千名观众，有时装编辑、买手、博主、造型师、明星、VIP 顾客，其中一半观众始终专注地盯着他们的 iPhone、iPad，绝望地想捕捉到 Wi-Fi 信号——巴黎大皇宫里的服务器因为太多人刷屏瘫痪了。这些人压根儿没看眼前真实上演的时装秀，直到卡尔出来谢幕、掌声响起，才恍然回过神来。

秀场外，街拍摄影师追着达人、明星，拍他们的着装，达人们一天最多要换 5 套行头。日本版 *Vogue* 时装总监安娜·戴洛·罗素穿一双金光闪闪的罗马角斗士长靴，俄罗斯白富美米洛斯拉瓦·杜玛从头到脚香奈儿的照片会在 Insatgram 上得到数千次的转发和点赞，风格极为浮夸炫耀。

过度依赖网络媒体、社交平台，就会得到这样的负面效果。

著名时尚评论家苏西·门克斯终于忍不住了，嘲讽看秀的人搔首弄姿、装腔作势，精心梳理每一根羽毛，是自鸣得意的孔雀，批评他们以一种直接到近乎粗暴的方式宣扬时尚潮流，其实只是想说："快来看我！快来拍我！快把我登在杂志上！"

在浮华和混乱中，人们很容易忘记时尚不过是一桩普通的买卖，也就是推销员在推销自己的东西。只不过这生意中充斥着光鲜的女孩、大把的钞票、强权政治、名人明星，造就出轰轰烈烈的声势，成为人间的神话和传奇。

素人如何参加时装周

谁是真正来看秀的人呢?

你只要看那些膝盖上躺着 iPad 和便携式键盘的头排 VIP,就是来时装周上班的记者、编辑、博主、KOL。他们手机、相机不停倒腾,要同步把现场情况发布到社交媒体上,还要见缝插针地和邻座社交。

对这些人来说,看秀是辛苦的工作。这种工作的节奏是:

从早上9点开始看秀，一天少则4场秀，看8场秀也不多，越大牌的秀场，越是和其他品牌的秀场距离遥远，你要穿着高跟鞋奔波，秀结束后往往还有庆功宴，一天的工作到午夜才结束。除了看秀，他们还要做很多实际工作：编辑给报纸、网络、媒体公众号写现场报道，安排杂志的拍摄；买手要为商店计划下一季的订单；秀评专栏作者要告诉读者，接下来的6个月里该穿什么、不该穿什么。

你没时间吃饭，不吃饭没关系，时尚从业者不提倡正常饮食，也没时间睡觉，但再困也绝不能在秀场里睡着了。如果实在很困，就表现出很不耐烦的样子，只要你烦得够酷，别烦得够傻就行。抽空记得冲镜头笑，对合适的人送上飞吻，见了不合适的人就当他不存在。

我认识的一位资深时装编辑，前几年谋划着辞职转行，她咬着牙说："怎么也得坚持到我从时装周回来！"既然看秀如此辛苦，既然新装秀是一场镜花水月般的名利场派对，实在不明白一位时装编辑为什么甘愿多忍受老板一个月的刁难。

首先你可以第一时间看到新鲜出炉的新款设计，零距离看到真实的时尚业后台。

后台乱成一锅粥，气氛紧张。桌上堆满了包、首饰、羽毛。模特半裸着，找到夹着自己卡片的衣架，扯下一件上衣，候在一旁的服装师给她穿好裙子。几个模特一边往 T 台跑，一边穿衣服。化妆师边走边给模特补妆，发型师拿着发刷追她们。到了聚光灯下，模特们漂亮得似乎在化妆间里待了半天。在她们面前，是几百个镜头，闪光灯起伏明灭，拍下她们的发型、妆容、外衣、裙子、鞋、包、首饰、腰带。这些东西转瞬即逝，一眨眼的工夫时尚业就花掉了几百万美元／英镑／欧元。

模特出场，天桥周围乌压压坐了几百甚至数千人，大功率的聚光灯点亮，震耳欲聋的音乐响起，秀场变成无人起舞的俱乐部。时间往前拨快了 6 个月，时间法则不适用了——如果现在外面是秋天，秀场里看到的却是第二年春夏季的风景。这是另一个星球上发生的事儿吗？所以时尚圈又称高端时装业为星球时尚。

去看秀，该怎么穿衣服呢？有几个原则：

1. 要么穿得很隆重，从头到脚都是当季的流行。如果穿的是下一季的新品，证明了你和时尚圈交情够深厚。杜绝上一季的款式。

2. 不用考虑时间问题，哪怕是早上 9 点去秀场，都可以穿亮片、绫罗绸缎、皮草、10 厘米高的高跟鞋。

3. 如果不想花时间搭配，可以穿得很简单，最稳妥的是牛仔裤、运动鞋、花哨的夹克衫、T 恤衫。切记，牛仔裤的牌子要正，运动鞋是市面上根本找不到的款，夹克衫要选设计师最好的作品，T 恤衫上要写着好玩或粗鲁的话。

报道星球时尚，并不代表自己也要成为外星人。不妨参考美国时尚作家艾米·奥德尔的建议。她在她的书《秀场后排故事》结尾，写了 10 条忠告，比如不知道穿什么的时候就穿得简单点儿，不要过度地在社交平台上曝光自己。她反复强调："天道酬勤。"新人们，从后排坐到前排不靠抢座位，不靠街拍，而是熟谙行业的规则、语言，凭借真才实学，同时保持清醒的头脑、清澈的眼神，努力努力更努力。

模特的秘密世界

第
1
讲

网红是时装模特吗？

现在网络上有个怪现象，很多网红都自称"模特"。她们有一张分不出彼此的整容脸，白瘦幼，天天发穿搭 9 连拍和 Vlog，给自家网店的服装带货。她们真的算模特吗？

她们充其量算是服装导购。

不过，时装模特最开始就是"导购"。那么第一个服装导购是谁呢？

时装模特和时装是相伴而生的。我们前面提到，时装的创始人是英国设计师查尔斯·沃斯，他的妻子玛丽·韦尔内是世界上第一位时装模特。沃斯出生于伦敦，去巴黎打拼时结识了玛丽。玛丽当时是一家披肩店的店员，长相美丽，身材标准。沃斯灵机一动，让她披上披肩为顾客展示，深受好评。他们结婚后，夫妻俩在1858年共同创办了世界上第一家时装设计工作室。丈夫沃斯做设计，妻子玛丽穿上丈夫的设计，在服装沙龙里向客人们展示新衣。

这可是令人耳目一新。因为当时的设计师、裁缝都用木头或者麦草做的人台来展示新装。玛丽带动了真人模特的兴起，时装沙龙里的设计师都会雇佣专职的模特。当时的模特不仅收入低，也没有社会地位，人们认为她们漂亮但轻浮。

这种偏见存在了很久，一直到模特职业化才有所缓解。模特职业化要感谢伦敦设计师达夫·戈登勋爵夫人。

达夫·戈登勋爵夫人非常传奇，她是最早的女性设计师，

达夫 - 戈登勋爵夫人

1894 年创立了自己的品牌露西尔（Lucile），早在 19 世纪 90 年代首先推出时装秀。她把业务扩展到了巴黎和美国，1912 年，她携带新装乘坐泰坦尼克号前往美国，遭遇了那场著名的海难，却奇迹般幸存下来。

勋爵夫人训练模特们的举止、仪态和风度，又给她们取了艺名，比如给一个女孩取名叫"赫柏"，这是希腊神话中青春女神的名字，还有叫桃乐丝的。模特取了这样的名字，就有了辨识度和传播性。

戈登勋爵夫人还为模特设计了时装展示的路数：她让一队模特依次走出来，在观众面前摆出戏剧化的动作。这不就是 20 世纪 80 年代一度在中国流行的时装表演吗？在今天看来，戈登勋爵夫人为模特设计的展示举动未免夸张，但确立了现代时装秀的模式。

网红不能算时装模特，还有一个原因是她们的脸。她们的脸有什么问题？我们下一讲继续谈。

时装模特的脸

要传递时代精神

照相技术发明后，被广泛用于时尚行业，于是模特出现了分化。

在沙龙里展示服装的模特，叫"室内模特"，她们不仅有漂亮脸蛋儿，还有突出的个人魅力，与客户现场有互动和交流，深受挑剔的客户喜欢。

还有一些漂亮女孩，长了一张"镜头脸"，成为出镜模特，叫"摄影模特"，相当于为时装做平面广告。摄影模特最初并非由职业模特担当，通常是时髦的女演员、社交名媛客串。很快，摄影师就意识到平面模特的重要性，开始寻找职业模特担任他们镜头里的缪斯。

第一个有名有姓的摄影模特是玛丽安·莫尔豪斯，为什么这么说呢？在玛丽安之前，模特这种职业和演员一样，没有社会地位，甚至被污名化。所以她们在行业里是匿名存在。

玛丽安出生于美国印第安纳州，有印第安人血统，演过舞台剧和默片，身材纤细高挑，像小男孩般没有曲线，短短的头发光溜溜地梳往脑后。她活跃的时期是20世纪20年代和30年代初，正好是美国著名作家F·司各特·菲茨杰拉德说的"爵士时代"，她的形象体现了爵士时代的风尚。

什么是爵士时代的风尚？"爵士时代"这个说法来自菲茨杰拉德的短篇小说集《爵士时代的故事》，菲茨杰拉德在他的小说中描写了很多活跃在爵士年代的摩登女郎。她们时髦活泼，穿短裙，留

玛丽安·莫尔豪斯

短发，喝酒，喜欢抽烟和跳舞，追求独立的经济与自由的爱情。她们挥别育儿持家的主妇形象，因为丰乳肥臀是生育的要求，所以她们不再要求自己珠圆玉润，开始减肥，以展现苗条平胸的身材。当时社会批判她们是"道德情操的破坏者"，但后来认为她们是第一批独立的现代女性。

同时，这个年代的技术革命日新月异，广告业和娱乐业开始兴起，为女性提供了就业机会，汽车的逐渐普及扩大了女性活动的半径与自由。整个20世纪20年代，以玛丽安所在的美国为例，25%的女性有工作和收入，而单身女性中，这一比例超过50%。年轻女性面临新的挑战，也拥有个人发展和自我价值实现的自由，二者都是前所未有的。

玛丽安正是这样一位时髦的职业女性。当时的顶尖摄影师们很宠爱她，与她合作的多为美国和法国的时尚杂志，比如 Vogue、《名利场》等，拍时装大片，并把她的名字登在杂志上。从玛丽安开始，杂志上会在大片的图注里标明模特的姓名。玛丽安为时装模特正名，争取到了署名权。

同样都是拍照的模特，玛丽安之所以是时装模特，而网红不是，原因有两个：

1. 玛丽安的身高、腿与身体的比例、"纸片人"的轮廓，为后来的模特行业确立了入行的身材标准。可以说后来业内找模特就是按她的身体条件来找的。

2. 她是时代面孔。她的妆容、发型、穿衣风格，敢于为自己、为自己所属的女性群体争取权益的勇敢行为，代表了一种时代精神。我们提到爵士时代，自然而然就会想起她，而不是别的什么人。她拒绝平庸的个人魅力，并不仅仅属于 20 世纪 20 年代，在任何时候都能感染世界。

再看今天的整容脸网红，她们的形象传递出的只有刀光剑影下的机械刻板、整齐划一、毫无个性。如果一定要说她们反映了某种时代潮流，那也是暴露了时代的粗俗、荒谬。粗俗、荒谬、躁动不是时代精神，是大浪淘沙筛选出去的渣滓，注定要被抛弃、遗忘。

每个时代对模特的美，
要求都不一样

上一讲我们说到，优秀出色的模特，她的美要体现时代精神。

时代一直在变，每个时代美的标准也一直在变化。模特用她们的形象，直观地传递出社会的开放、进步，文化上的革命性、创新性。

时装模特这一职业真正发展起来是在 20 世纪 50 年代。模特业星光荟萃，诞生了第一批"超模"。请注意，这时期虽然已经出现"超级模特"的概念，但直到 20 世纪 80 年代中期，超模才真正形成一个群体，指的是收入超高的模特。

20 世纪 50 年代，设计师们喜欢带着贵族般优雅和气场的女孩，蜂腰、手臂纤长细瘦，连指尖都那么美好，比如第一个被称为"超模"的瑞典女孩丽莎·芳夏格里芙。她从 1936 年开始做模特。1947 年，迪奥先生发布"新风貌"系列，丽莎沙漏轮廓的身材完美地演绎了迪奥先生的创意，可以说没有丽莎的呈现，"新风貌"或许不会取得如此震惊的效果，而展示"新风貌"系列，也让丽莎的职业生涯达到了巅峰。

这一批被称为"超模"的模特还有朵薇玛，就是我们在前面讲到"高定"时，和大象合影的那位模特。还有美国模特珍·帕切特（Jean Patchett）、朵莲丽（Dorian Leigh）和她的妹妹苏西·帕克（Suzy Parker）。她们是 20 世纪 50 年代高级定制时装黄金年代的"时代面孔"，展示服装、拍摄时装广告片时，姿态优美：肩膀前伸，

珍·帕切特

朵莲丽

苏西 · 帕克

头尽量上扬，拉出天鹅颈般的线条。这分明是线描画，而不是活生生的女人。自时装模特诞生直到此时，模特在时装业内扮演的都是杂志中"插图"的角色。

她们没有电影明星知名度高，但电影明星纷纷学她们的风格。奥黛丽·赫本、碧姬·芭铎都从她们的表情、仪态中获取过灵感。朵莲丽，有一张大片拍的是她坐在火车车厢里，眼中含泪。赫本拍电影《甜姐儿》时，就借鉴了这张时装片，拍了一个站在火车头边哭泣的镜头。不过，Harper's Bazaar 的执行主编，为迪奥第一个系列命名为新风貌的卡梅尔·斯诺对此很不以为然，她说，"戴着迪奥帽子的女人是不会哭泣的"。

20 世纪 60 年代，人们追求性解放、嬉皮士运动、反战、争取民权，同时也追求服装上的平等，于是高级定制时装成为精英阶层的腐朽爱好过时了，流水线服装大批出现，今天的服装业正式形成。模特的面孔也变得亲切可人，不再带有冷若冰霜的表情。崔姬、简·诗琳普顿活泼、可爱，带着几分淘气顽皮，穿着迷你裙的身材瘦得像小树枝，没有曲线，为时代浪潮推波助澜。

20世纪70年代的风尚又变了，开始推崇健康清新的金发女郎，这一次职业女性成为社会舞台上的焦点。清新、自然、富有运动气息和健康美的劳伦·亨特、米克·贾格尔的妻子杰瑞·霍尔，成为时代精神的代言人。

劳伦·亨特的外形不算完美，牙缝很宽，反而带给人邻家女孩般的亲切感。她与美容品牌露华浓签约，拿到50万美元的代言费，破了历史纪录。这份令人咋舌的合同让模特跻身高收入俱乐部，也使得模特开始走向明星化，在20世纪80年代催生出"超级模特"这一群体。

20世纪80年代，盛行过度消费、贪婪文化，赤裸裸追捧财富，时装、美容行业逐渐形成时尚航母，纷纷推出全球化的大品牌，市场推广策略相应地发生了巨大的转变。时尚航母的宣传策略是把广

劳伦·亨特

告做到世界的每个角落，把巨大的投入用于广告宣传。在此之前，香奈儿、迪奥等高级时装品牌是不做广告的，只给旗下香水做广告，现在他们希望模特在 T 台上走秀展示完他们的服装后，还能拍时装的平面广告。

这样的广告策略带给模特前所未有的曝光率，让她们像电影明星一样，具有极高的知名度。于是"超级模特"群体出现了，所谓"超模五驾马车"——辛迪·克劳馥、克里斯蒂·特灵顿、琳达·伊万戈琳斯塔、娜奥米·坎贝尔、克劳迪娅·希弗，就是那个年代的产物。超模的名字家喻户晓，全世界的人都认识她们的脸，模特成为"明星""名人"。她们过着明星的骄奢生活，要求更像名人一样多，报酬也高得令人难以想象，琳达·伊万戈琳斯塔就曾说出"今天没有一万美金就不起床"这样任性的话。

既然超模这么难伺候，为什么不用年轻美貌的好莱坞明星当时尚杂志封面女郎、为化妆品和时装拍广告呢？明星、名人开始跟模

从右到左：
辛迪·克劳馥、克里斯蒂·特灵顿、塔加纳·帕提兹、琳达·伊万戈琳斯塔、娜奥米·坎贝尔

特抢饭碗。一线的时尚杂志，比如 *Vogue*，开始启用明星做封面人物，在时装部分也用她们展示大牌设计。明星带来的良好商业回报，也让杂志更愿意用她们。

紧接着，凯特·莫斯横空出世。在高大丰满的辛迪、琳达这些人身边，凯特瘦弱得像个流浪儿，但她有上帝赐予的好骨架。她之后来了巴西美人吉赛尔·邦臣、拉奎尔·齐默曼，然后是俄罗斯灰姑娘娜塔莉·沃迪亚诺娃、萨沙·彼伏瓦拉娃，前者还演绎了一段麻雀变凤凰的童话。

21 世纪的第二个十年，就是亚非模特的天下了，崭露头角的有波多黎各的琼·斯莫斯（Joan Smalls）、埃塞俄比亚的莉雅·科比蒂（Liya Kebede）、突尼斯的海娜·本·阿布德斯利姆（Hanaa Ben Abdesslem），还有中国的刘雯、雎晓雯、秦舒培、孙菲菲、何穗、奚梦瑶，日本的水原希子，韩国的林智慧。她们接到了美容品牌、高级时装的广告合约，在以前只有白人女孩才能拿到这样的广告合约。此时，在时尚世界里，国籍、民族越来越不重要，个性化的相貌才是时代需求。

第
4
讲

时尚界为什么喜欢
低龄化的模特

　　进入 20 世纪 60 年代，室内模特和摄影模特之间的划分越来越不那么清晰了，也就是说，模特既可以拍时装广告照片，也可以做现场的时装展示，走秀。最重要的一个变化是，青春文化兴起了。

　　在《足下风光》一书中，作者雷切尔·博格斯泰因提到，时任美国版 *Vogue* 主编的戴安娜·弗里兰创造了一个词"青年大骚动"（Youthquake），专指 20 世纪 60 年代发生在文化、音乐、时尚业内的运动。其中时尚和音乐领域被十几岁的青少年主宰，代表服饰有迷你裙和连身裤，迷你裙的发明者玛丽·昆特，波普艺术家安迪·沃霍尔分别是时尚业和艺术界的推手。

20世纪50年代的超模丽莎、朵薇玛，她们出道年龄都在二十多岁，三十岁是职业黄金时期。进入60年代，她们沙漏型的身材连同她们展示的新风貌高级定制时装一起，都过时了；大批量生产的成衣成为主流，而且受到年轻人街头潮流的影响，青春洋溢、生气勃勃。时装秀也散发着活泼、轻快、戏剧化的氛围。相应地，模特也呈现出低龄化。

简·诗琳普顿表现出了这种风尚的转变。她的塌鼻梁、小鹿般的大眼睛带给人天真无邪的印象，但还是符合传统的模特美。真正颠覆模特审美的是崔姬。她是怎么做到的呢？

前面我们讲到，模特职业是伴随着时装而出现的。高级时装的客户年龄偏大，较高的社会地位和身份要求她们端庄、典雅，相应

简·诗琳普顿

地，展示高级时装的模特在外貌和气质上，也会尽量表现得符合传统审美。

20 世纪 60 年代，时代巨变的波澜波及时尚业，模特也完全变了。颠覆模特业传统的是伦敦小女孩崔姬。

崔姬原名莱斯莉·劳森（Lesley Lawson）。她 16 岁开始做模特，像没有发育的小男孩那样瘦弱，四肢纤细柔软得像春天的柳枝，因此得到 Twiggy 这个昵称。Twiggy 这个词就是"嫩枝条"的意思。她的脸庞和表情都很孩子气，当她的形象出现在街头广告牌，占领报纸、杂志、电视等各种媒体时，就宣告了一个事实：青春是至高的特权，年轻人是世界的主宰。她还有种雌雄难辨的气质，让中性化审美第一次得到了正大光明的承认，逐渐成为主流审美之一。

崔姬成为 20 世纪 60 年代的时代面孔，她的照片还被放入时光胶囊，送入太空。

到 20 世纪 90 年代中期，金融危机来了，全球经济陷入低迷，

崔姬

80 年代流行的豪奢之风成为明日黄花。时尚从来都是社会现实的投射，于是时尚圈开始流行垃圾风、自毁文化和海洛因时尚。于是，个子只有 168 厘米、身材并不完美、瘦得像流浪儿的凯特·莫斯冒出来了。

凯特·莫斯出道时只有 14 岁，说她是童工也不夸张。就是这个童工，向全世界销售了一种名叫"骨瘦如柴"的美貌标准，她的皮包骨头让骨感成了一种集体迷恋，导致厌食症在少女中流行，并引起了海洛因时尚。这种畸形、病态的审美延续至今，成了流行的"白瘦幼"审美。瘦弱的凯特哪来那么大能量？下一讲继续谈。

模特业怎么与海洛因文化

搅到一起去了？

　　提到骨瘦如柴的模特，我们第一反应就是英国超模凯特·莫斯。

　　凯特出生于 1974 年，1988 年在伦敦希思罗机场被模特经纪公司的人发现。1990 年，著名的邋遢风格摄影师科林·戴为她拍了一张照片，做了英国前卫时尚杂志 *The Face* 的封面，凯特开始走红，成为消费宗教的福音传道者，代言的香水不是叫"鸦片"，就是叫"迷惑"。

　　她为美国品牌卡尔文·克莱恩推销内衣裤，穿着男式内衣，骑在肌肉强健的男模特身上哈哈大笑，笑容里散发出商业气息。在卡尔文·克莱恩的"迷惑"香水广告中，凯特躺在公共汽车上，露着屁股，瘦得可怜。广告拍摄于 1995 年，由她当时的男友，摄影师马里奥·索伦提掌镜。关于"裸露"，索伦提认为裸体表示纯洁。凯特争论说，多穿了一条内裤也不影响纯洁。凯特为卡尔文·克莱恩牛仔裤拍摄的平面广告被制成 40 英尺高的户外广告牌，树立在纽约街头，引发公众抗议，认为有伤风化，要求撤掉广告牌。

　　卡尔文·克莱恩狂热地推崇凯特的流浪儿风格。他说："女人的头发脏兮兮的，粘在一起，又真实又摩登。"但凯特认为自己被弄脏了。设计师和广告商们在全力发掘凯特的性感功能。乔瓦尼·詹尼·范思哲曾说："一块纺织品怎么能性感呢？只有女人穿上它才能发挥性感作用。"凯特·莫斯拍的很多广告是全裸或半裸，在一则香奈儿 Coco 香水广告中，她除了一串珍珠项链，什么都没穿。凯特常常怀疑，自己是在卖东西，还是被卖？在一次访谈中，她脱口而出："服装卖的是性。"

凯特可以说是时尚史上最成功的模特，她达到的高度前无古人，至今也看不出有人能够超越。她的成功代价是压力、吸毒、饥饿，甚至是健康和精神崩溃。她承认，她一天抽 80 支烟，因吸毒而昏迷，还酗酒，不停接受各种康复治疗，她形容自己模特生涯的头 10 年就是"醉醺醺的 10 年"。

公众也严厉批评她在三个问题上为年轻女孩做了极其负面的示范，第一是厌食症，第二是抽烟，第三是毒品。甚至有健康组织要上法庭起诉她。

模特的身体成为商业、时尚最感兴趣的道具，因此模特业有条不成文的规矩：每天要称体重，有的女孩会被"建议"不要吃东西。由于收入和体重是成反比的，所以女孩中患饮食紊乱、厌食症的很普遍。年龄问题也很敏感，女孩明明年满 20 岁，公司还会对客户说她才 18。这给模特们带来很大的思想压力，眼角出现一道细细的纹路都会感到末日来临。

美国记者迈克尔·格罗斯在《模特：美丽女人的肮脏职业》一书中写道，早在 70 年代，"模特业已经浸淫到毒品中了"。你既要节食减肥到皮包骨头，又要应付繁重的工作，充沛的精力从何而来？有人乘机为女孩们提供毒品，这就造成海外模特业内普遍吸毒的现象，其受到社会大众的批判不足为奇，这也是时尚业必须正视的问题。

想做模特？
你要先被经纪公司相中

我们有个误区，似乎个子在 175 厘米以上的高妹就能做模特。国内最大的模特经纪公司东方宾利，每年会举办中国超级模特大赛，选拔模特新人。我曾做过评委。当年我们选出的冠军，经过一年的培训、发展，参加了巴黎时装周的走秀，并为各大时装杂志拍大片，作为初出茅庐的模特，堪称成绩斐然。

模特选拔、培训的过程相当残酷。整个过程概括下来就是，用半年时间在全国18个分赛区2万个报名者中层层选拔出60个模特。这60个初选出来的模特来北京后又刷掉一半，剩30人参加决赛，最终选出冠亚季军和十佳，共13人，最终东方宾利只和冠军、亚军、季军签约。而真正能走上职业模特之路、走到国际T台的，也就一两个。

这是普遍的规律。世界几家顶尖模特经纪公司每天都会收到数不清的自荐邮件，多到让人害怕。著名模特经纪公司Storm的经纪人说，抓拍了1000个看似有希望的女孩，回去筛选照片后，最后也只有5人会接到面试通知，而绝大多数面试者最终没有签约，Storm伦敦公司平均一年也就签约3个新模特，概率小得好像在草垛里找一根针。

模特在业内有个昵称叫"女孩"。女孩们看上去长得都差不多——颧骨线条鲜明，锋利得似乎能切开面包；眼睛锐利有神；眉毛浓黑，向上挑起，形成锐利的眉峰；芦笋型的身材，三围几乎一个尺寸，数字当然都偏小。她们是靠什么被发掘出来的呢？脸是关键因素吗？要具备哪些先天条件才能让一个原本平凡无奇的女孩光速成为超级模特？无非三点：一看先天条件，二看可塑性，三看机会是否青睐你。

先说先天条件，这就是通常说的天赋。比如超模卡莉·克洛斯（Karlie Kloss），身高 180 厘米，业内人士感慨她的身体条件好得不可复制，上帝只造了她一个。好到什么程度？亚历山大·麦昆的选角导演说："你在一英里之外就能分辨出她的身材轮廓。"吉赛尔·邦臣也是这样的超模坯子，不止一个时装总监评论她，"可能是唯一一个男人、女人都认可的超模"。

再看可塑性。乌克兰女孩达莉亚·沃波依，是思琳（Céline）和兰蔻（Lancôme）的广告女郎，她有柔软灵活、修长的肢体，还有股子与生俱来的酷劲儿，并能把"酷"带到每一张照片中，这是学不来的。著名化妆师评论沃波依说："她的脸庞宛如一块出色的画布，你尽可以描画她的大眼睛、挺直纤巧的鼻子、浑然天成的颧骨、形状饱满的嘴唇。"

超级模特们都融合了面容、身材的优点，而且她们还具有被改造的特质，能适应品牌、造型师、摄影师的各种需求，是多功能的。这一容易被改造的特质还有助于延长她们的职业寿命。

凯特·莫斯从 14 岁出道至今，从业时间已经 30 多年。著名时尚摄影师马里奥·塔斯提诺说："她的脸形状完美，五官比例非常理想，此外她工作极为努力。你看她的照片，除了外在的美貌还有更多内涵，是那些你想用手指触摸的东西。或许这就是她模特生命常青的原因。凯特·莫斯就是凯特·莫斯，原因很简单。"

超模初出茅庐时，在镜头前还很紧张，但她们很快就学会了如何移动自己的脸、手、脚趾，让它们处在最上镜的状态。

第三谈谈机遇。运气这个东西很玄妙。英国超模萨姆·罗琳森（Sam Rollinson）13 岁那年参加时装节目，被发掘出来，15 岁已为巴宝莉拍了广告。

按常规的美貌标准，像个男孩子的伊迪·坎贝尔称不上美人。她的妈妈曾是英国版 *Vogue* 的时装编辑，16 岁时，妈妈带着她和一位造型师共进午餐。造型师发现她有种无所畏惧的劲头儿，这股气质最能激发造型师和摄影师的创作热情，于是把她推上了 T 台。摄影师说："她无惧于在镜头前表现自己，非常信任摄影师，瞬间就能沉醉在情感之中，这都是顶尖模特的素质。"

经纪公司挑选模特的常规办法是，去学校做演讲，宣传模特工作，不管有用没用先做了再说。东欧国家盛产超模，经纪公司就会安排团队前去波兰、捷克、乌克兰发掘新人。

模特被选进经纪公司，只是迈出了第一步。后面怎么走？又该如何冲上 Top 50？请听下一讲，如何成为超模。

第
7
讲

要挤入超级模特的行列，

你要走好哪几步？

著名时尚摄影师大卫·贝利说，模特界只有 10 个模特，就是最顶尖的那 10 个，其余都是陪衬。这个行业就是这么残酷。

10 个太极端了，专业网站 models.com 上有个 Top 50 排名，进入这个排名意味着成为国际超模。你能不能挤进"50 个模特"的行列，有很多硬标准，比如四大时装周你走了多少场秀，走的是哪些品牌的秀，走了几个开场和闭场（开场或闭场模特也叫主秀模特）；你拿了多少代言广告，拍了多少杂志封面。这些数字、排名，在 model.com 上都有统计，它们证明了模特的地位。

模特的职业生涯能否顺利走下去，能走多远，能否冲进 Top 50，经纪公司起到了很大的护航作用。国内的模特经纪公司东方宾利签了新人后，会带着她们拜访各大时尚杂志的时装总监、编辑们，向顶尖设计师、时装秀选角导演、摄影师、造型师推荐，还带着她们去欧洲拍大片。模特入行后的基础能否打扎实，全靠经纪公司栽培。

走向超模的"台步"也有规律可循。第一步，被顶尖大牌的选角导演看中；第二步，走大牌的时装周秀；第三步，开始拍广告；第四步，与当下顶尖的时尚摄影师合作拍广告。

很多时候，品牌、顶尖摄影师会和模特签下专属合同。比如模特伊迪·坎贝尔剪了短发后，摄影师斯蒂芬·梅塞就与她签了独家合约，这样在他为意大利版 *Vogue* 拍的封面出刊之前，别的媒体不能刊出伊迪新形象的照片。这种独家合同保证了轰动效应。

品牌与模特签独家合同的考虑在于：时装周期间，当红模特的日程表都长得见不到尾，设计师希望有个好模特能与品牌从头走到尾，一方面保证工作的连续性，另一方面以模特的脸庞来代表本季或本场秀的形象。独家合同是保证模特时间的唯一有效办法。

模特都希望在一年两次的时装周上尽可能多走秀，增加曝光量，这对模特是巨大的考验。英国超模卡拉·迪瓦伊 17 岁出道，20 岁之前她工作都有经纪人陪同。满 20 岁后公司让她一个人出门去走巴黎时装周，结果她打电话回伦敦说自己要崩溃了。关于时装周走秀，我们下一讲专门来谈。

从模特发展史来看，上面这四步步步为营。不过近十年来也出现了越来越多的偏门。一些模特，像米兰达·可尔、大码超模凯特·厄普顿，先走了"维多利亚的秘密"内衣秀，才走上了巴黎世家、路易威登和普拉达的花名册。"维密秀"不在时装周期间举办，且歌且舞，更像综艺节目。模特穿着内衣、背上插着羽毛大翅膀出场，被称为"天使"，首席模特还要穿着价值数百万的钻石内衣。"维密秀"模特比成衣秀模特更富有女性魅力，现在这个秀已经成为衡量模特红不红的市场检验标准。

纵有万千宠爱在身，当穿漂亮衣服、拍照成为职业，当模特就变成高压、高强度的工作。不止一个超模抱怨，每天要应付很多人，处处被粉丝包围，让人歇斯底里。绝大多数人不喜欢被别人拍照，很多模特也有同样的厌烦心理。

"喜新厌旧"是时尚业的标志，超模的名字也不会回响太久。30年前，娜奥米、琳达、凯特、吉赛尔只用定期出现在杂志封面，一月又一月，名字就人尽皆知。那时她们是当仁不让的封面女郎。到20世纪90年代后期，她们就不再是时装杂志的唯一封面人选，甚至不是最重要的封面女郎了，娱乐明星分走了封面的一大杯羹。

那么，模特自己又怎么看职业发展？一天走6场秀的节奏是个人都会疯。这样的工作只有 20 岁才能做，职业热情容易被消磨光，干不长久。这是所有模特的心声。模特渴望争取到对自己的控制权，只接最想做的工作，这又形成一个悖论：只有挤进 Top 50，在 50 人中排名越靠前，你对自己的控制权才越强大。但这就要求你走更多的秀。

超模都强调职业精神。51 岁的娜奥米·坎贝尔至今还在走秀，成绩最好的中国超模刘雯每走完一场秀，都会在电脑上仔细研究那些衣服。她说："我希望自己从 T 台退役后还能做与时装有关的工作。我真的很爱时装。我想了解设计师们如何设计、创造出它们。衣服是有灵魂的。"对时装的热爱，也是超模成为常青树的活力源泉。

第
8
讲

时装周期间，

模特是怎样工作的

我们看 models.com，会发现它对模特有个指标统计，就是看她在时装周期间总共走了多少场秀。走秀的场次，品牌的地位是衡量模特职业起伏的一个重要标杆。

以前采访刘雯，听她谈到时装周期间的工作情况，只有一个字：累。超负荷的累。

纽约、伦敦、米兰、巴黎四大时装周前后持续 6 周的时间，模特在思想和体力上都要做好跑马拉松的准备。刘雯自 2008 年开始走"四大",几乎走遍了各个顶级品牌的秀。她说,她记得一天最多要走六七场,不停地化妆、卸妆。时装周期间她还有几十个面试,抱着资料,带着高跟鞋和地图,去各个品牌面试,称得上是暴走。最夸张的一次面试是从晚上十点等到第二天凌晨四点,结束后回到酒店洗澡,清晨五点再去赶香奈儿的秀。有的时候从秀场下来,顶着浓妆,就搭乘国际航班飞到欧洲的某座城市去拍广告。时装周结束,她瘦骨嶙峋,面黄肌瘦,口腔溃疡严重得话都说不清楚。

那么,模特在时装周期间具体的工作流程是怎样的呢?

首先,经纪公司会整理出一个模特名单,向各场秀的秀导推荐。名单上有经验丰富的成熟模特,也有新面孔,还有公司着力培养的种子选手。

时装周的差旅费由经纪公司承担,包括:机票费、出租车费、住宿费。有的公司在这些城市有公寓提供给模特,大牌模特还可以单独住酒店。差旅费很高，如果模特走完时装周签不到广告代言，就赔大了。这相当于赌博，所以公司一定会挑选他们真正看好的模特。

时装周开始的第一天，模特们坐红眼航班到达，落地后先去自己所属的经纪公司。公司为她们准备好了化妆包，里面有化妆品、面巾纸、牙刷、洗发水、护发素、零食、香水……里面的东西，有些年轻模特可能买不起，还有些会忘记带。

公司会给每个模特准备一部当地的手机，方便她们和每一场秀的秀导联系，好知道下一场秀、下一个面试在什么地方。有的品牌艺术总监就喜欢把秀场安排在"出其不意"的地方，比如亚历山大·麦昆，他的秀场会是废弃的教堂、破旧的果蔬市场，也可能在某个车站、美术馆，很不好找。

旁观者永远没有意识到时装周对模特意味着什么。太累了。有人不理解，不就是在台上走 10 分钟的路吗？为这 10 分钟，模特可能要花 3 小时等面试，如果他们看上你了，你可能还要进行第二次面试。面试通过后，是试装、彩排，这可能需要 4 小时。秀开场前，化妆和做发型要 4 小时。当红模特一季要走 80 场秀，同样的程序来 80 次，你算算吧，总共需要多少时间，耗费多少精力，承担多大思想压力？留给她们睡觉、吃饭的时间还有多少？当然，模特本来也不需要吃饭，至少不鼓励正常吃饭。

有悟性的模特，往往走两年四次时装周就能走巴宝莉这种顶级品牌的秀了。更多的模特走完一两次时装周就走得没影儿了，T 台上再也见不到她们的身姿。她们被无情地抛弃了，为她们难过？或许对她们来说是件好事。时尚业就是这么残酷。

是什么造就了优秀的走秀模特？这个问题，一百个人有一百种看法。其实最重要的是运气，你要在正确的时间出现在正确的地点。某个设计师突然看中你了，觉得你就是他心中的缪斯，那你就成功了一大半儿。

200

1999 春夏至 2009 春夏马丁·马吉拉秀场男模面部特写，
马丁·马吉拉每一季都用这种方式挑选男模

摘自《马丁·马吉拉》

我听到很多模特、经纪人都强调一点：要有勇气为自己争取，要适当地表现出强硬。我听刘雯讲过，她职业生涯中走第一场国际大牌秀的机会是怎么拿到的。

那是在 2008 年 2 月，米兰时装周的巴宝莉 - 珀松（Burberry Prorsum）新装秀。那天她刚过完春节，从中国飞到米兰，落地就被糊里糊涂的司机拉去面试。冬天的米兰，天黑得早，好不容易到了面试地点，天已经黑尽了。她奋力敲开沉重而巨大的门，有人出来告诉她面试已经结束，艺术总监克里斯托夫·贝里也走了，只剩一位助理。刘雯说，她几乎用尽所有会说的英语单词和句子，央求半天，才获得了面试机会。甚至没时间换上高跟鞋，就在冰凉的地板上光着脚开始了面试。她通过了面试。也许贝里后来听说了她的故事，理解一个迷路女孩的心情，给了她机会。

最后我谈谈报酬。每个人拿到的都不一样。大牌模特有议价的权力，普通模特只能按行情来，甚至有的时候没有现金报酬，只能拿到设计师赠送的样衣、包包。但每个人都知道，走时装周不是为了钱，而是为了前途。

为什么刘雯能成为

中国超模的奇迹?

吕燕是第一个为我们普及"超模"概念的中国模特。严格意义上,吕燕不算超模, 因为她从未进入 models.com 网站的超模 Top 50 排行榜。这个榜单时常会根据模特在时装周上走了多少台秀、接了多少代言来调整模特的排位。这个榜单是模特的业内地位、商业影响力晴雨表。只有登上这个榜单, 才是名副其实的"超模"。

杜鹃是第一个登上超模 Top50 排行榜的中国模特, 刘雯紧接其后上榜。我们会诧异，杜鹃是典型的中国古典美女，但为什么非典型的刘雯也能做超模？直到现在，我们还能看到刘雯做代言人的品牌广告，她怎么能够做到 34 岁还没有退休？

我因为工作关系，与刘雯接触较多，2006 年她出道刚一年，我就为她拍过时装大片，可以说是一路看着她走上天桥，走到 models.com 的 Top 10 位置的。

2006 年，思琳新任设计总监艾瓦娜·欧马奇科来中国，我为 *ELLE* 杂志采访她。那一天还拍摄了艾瓦娜在思琳第一个系列中的服装，模特请的是 18 岁的刘雯。2005 年她参加了新丝路模特大赛，但在全国决赛中败北，所以那时她还岌岌无名。她显然是闪耀着光芒的超模坯子，艾瓦娜当时就对她表现出浓厚的兴趣，与她攀谈。刘雯有些手足无措，她没带个人资料册，我在一旁不由为她暗自着急，担心她因此失去一个机会，但也感慨这姑娘真是单纯，没有心机。

幸运的是，当年的冬天，法国著名时装编辑约瑟夫·卡尔在北京拍一组服装大片，发掘出刘雯，将她带到了法国，促成顶尖模特经纪公司 Marilyn Agency 签下她。

法国人为什么单单看上刘雯呢？这一讲，我来谈谈她成为超模奇迹的充分和必要条件。

从外形看，刘雯有过硬的身体条件。她身高 179 厘米，身材纤细，长腿笔直，是模特业最受欢迎的小男孩身材。刘雯的五官并非没有瑕疵，她的脸庞不算小巧，不够对称，眼睛虽然不小但眼皮内双，颧骨太高可鼻梁又不够高。但她的脸庞线条清晰，这就使得轮廓很明显，只要有光线照过来，就会投出阴影，像尊雕塑。而且她的笑容生动而单纯，化了再浓的妆也没有脂粉气。这就是所谓的"镜头脸"。

此外，刘雯有漆黑的头发，东方式的白皙肤色，眼皮单薄的凤眼，嘴唇涂上正红色的口红，再配上犀利的眼神，看不出年龄，有

刘雯

种超越了时空的不真实感。如今的 T 台强调多元化，她的这些外形特点很容易被强化成中国符号，让人记住她。

从模特专业的角度，刘雯有哪些值得借鉴的建议呢？

1. 把模特当成职业，而不是跳板。刘雯始终坚持多拍杂志，不去走野模秀，慢慢积累起杂志缘。法国时装编辑就是因为她给中国版 *Marie Claire* 拍片时选中的她。

2. 坚持拍高质量大片。能在时尚最前沿领略优秀设计师的才华，眼界自然提高了，设计师、摄影师对她的要求也不一样，她就知道自己要什么。她每接到一份工作都会做功课，了解品牌、设计师、摄影师、杂志的一贯风格。

3. 接受各门类艺术的熏陶。比如在纽约时，经纪人带她去百老汇看音乐剧，告诉她怎么欣赏舞台上演员的身体，平常地看待身体，再学会塑造自己的身体。

时尚界常说，优秀的模特要体现并传递出时代精神。在时尚观察家们看来，刘雯中性，个人风格鲜明、强烈，比柔美温顺的古典娃娃杜鹃更符合当代时尚潮流的要求。

当代时尚潮流有哪些要求呢？首先，中国人从穿衣打扮中找到了自信，学会了利用时装塑造出个性。第二，她是21世纪的中国崔姬，以崭新的面貌改变了中国时尚业对"美"的定义。第三，刘雯单枪匹马独闯天下，不循规蹈矩的勇气，国际飞人的洒脱，是当代中国人赞赏并模仿的。

她当上雅诗兰黛（Estee Lauder）的模特后，让世界对中国人的形象有了新的认识，体现了当今世界的文化大融合的时代精神。难怪英国版 *Vogue* 曾有一期以刘雯为封面女郎，封面标题为"中国制造"（Made in China）。她成为中国模特业的关键性人物。她的跟进，让世界时尚业开始正视中国姑娘们，孙菲菲、秦舒培、陈碧舸、何穗、奚梦瑶，还有雎晓雯、张丽娜。所以说刘雯不仅仅是model，更是 role model。

走维密秀，
模特有哪些秘密

　　已经于 2019 年停办的维密秀是 T 台上的一个异类。能做维密秀上的天使，是模特们的职业荣耀。同样是走秀，为什么模特走维密秀会笑容灿烂，走通常的秀就一脸高冷？走维密秀，模特步子花哨，扇着翅膀满场乱飞，走普通秀就是目不斜视必须走成一条直线？

　　我先说说维多利亚的内衣有什么秘密。

这个内衣品牌创建于 1977 年，创始人叫罗伊·雷蒙德，原本是宝洁公司的销售员。他听妻子抱怨，说在大商场里买内衣的环境不够私密，不好试穿，就萌发了一个念头，开一家独立的内衣店。他借了 8 万美元，在旧金山的一家购物中心里开了"维多利亚的秘密"专卖店。没想到独立式的店铺让女顾客，还有陪她们来的男人都感到放松，加上设计不像其他内衣品牌那么家常，品牌一夜之间就取得了成功。雷蒙德不知怎么想的，1982 年以 100 万美元的低价把品牌卖了出去，这下他把自己的好运气也贱卖光了，后面的投资屡屡失败，他遭遇破产、离异，患上严重抑郁症，终于从金门大桥上投海自尽。

20 世纪 90 年代初，"维密"发展成美国第一大内衣品牌。1995 年 8 月，第一个维密秀开场。1996 年之后，"维密"把办秀时间定在了情人节前夕，规模很小，没请超模，也没有进行电视转播，穿的是品牌销售的普通内衣，花费不过十来万美元，图的是自己人热闹，顺便做个情人节促销预热。1999 年，这个内衣秀来了个大变身，模特们背上了天使翅膀，再通过电视和网络直播，一下子有了极高的人气，赚到了大笔广告费。

2001 年开始，维密秀改版成嘉年华，首先是请来超模，称呼她们是"天使"，让她们穿上价值百万甚至千万的钻石梦幻文胸和极尽夸张的饰物；其次，又请来超一线明星同台献艺，营造噱头。

21 世纪以来，娱乐明星也开始和专业模特抢饭碗，常常看到某个时装秀上有大明星走秀。唯独维密秀，因为太特殊了，只能找专业模特，明星无法染指。

那么维密秀怎么选拔模特呢？选维密秀模特非常严格，会有一个团队进行选拔。他们在一张长桌子后面坐成一排，房间里放着几个没有灯罩的大灯。这些灯的光线直白刺眼粗糙、绝不带美化性质，然后每一个候选模特迎着灯光，面向评委走来，再转身走回去。不管你是世界顶尖超模，还是维密日常签约的模特，都要硬着头皮走一遭，只有经过这种光线的检验，才能过关。丰满型的超模凯特·厄普顿是做泳装模特出道的，是男性杂志最宠爱的模特，小马哥马克·雅各布在路易威登的最后一场秀，在 T 台上装了个旋转木马，就找来这位凯特·厄普顿骑马。这么受宠的大美人曾经被维密秀嫌弃。因为评委们认为，她的金发太喧宾夺主，还有一张整容脸，整个人散发着粗俗、土豪的气质。

中国超模刘雯是第一个担任"维密"天使的亚洲模特。她曾对我说，接到正式通知时，她惊讶极了，因为维密从来都要大胸模特走内衣秀。刘雯认为自己能入选，一个重要原因是品牌觉得她和西方人传统概念上的中国女孩不一样，很活泼、爱说话、表情生动。

入选后，模特要进行魔鬼训练，食谱堪称地狱级别，比如不喝水、不吃固态食物，极其变态。为什么这么残酷？维密秀的秀导给出了答案："维密天使是奥运会选手，在台上那一刻，必须处于巅峰状态。"这些模特走了很多场重要的秀，但人们记住的永远是她们穿着内衣、插着翅膀走过的维密秀。

因为人们来看维密秀，看的是模特。

对模特们来说，维密秀是个大 party，有最好的乐队，最完美的 LED 背景，主题就是享乐、香艳。品牌在后台准备了很多美食，诱惑模特去吃。现场气氛非常欢乐，所以模特们走台时的表情、肢体语言特别开心生动。

严格意义上来说，维密秀不算新装发布。因为所有人都知道，模特在 T 台上展示的内衣能把观众的眼睛闪瞎，钻石编织而成的梦幻文胸根本不可能穿在身上，只能锁在保险柜里。

时装秀的目的在于发布未来的服装潮流信息，宣讲设计师的灵光和思路，台下坐了很多时装编辑和买手，相当于是订货会。而维密秀是"内衣春晚"，突出的是娱乐性质，台下的观众也和时装秀的观众不一样，除了圈内人士，还有很多天使的亲朋好友。

从时装设计、潮流预测的角度讲，维密秀没有意义。但它显示出了原子能级别的商业促销能量。一场维密秀的制作成本高达几千万美元，但秀在全球播出的第二天，各门店的销售额就会暴增，成为全年营业额最高的单日。

最后再来讲讲刘雯走完维密秀的感悟吧。她告诉我，原本她非常担心中国女孩的身材和欧美标准有距离，她说："走完这场秀，我明白了，其实性感和人生的道理是一样的，有很多种可能。只要有自信，就能做最好的自己。"

时尚职业

第
1
讲

时装设计师
也是打工人

　　说到时装设计师，谁都知道指的是设计服装、内衣，以及设计鞋子、包包、首饰、腰带、包包配饰等的人。

　　我们在提到时装设计师的时候，总是下意识地认为他们都有自己的品牌。其实，只有顶尖的设计师才创建了自己的品牌，拥有了个人的时尚王国，他们更应该被称作时尚商人。更多的设计师只是为某个品牌、某家零售商服务，是普通的打工人，日常工作是操心大众穿衣戴帽的问题。

一个设计师，日常的工作内容包括什么？

1. 翻看各类时装杂志，参加时装秀，分析时尚潮流。

2. 和店面经理、秀导、买手、客户沟通，讨论下一季应该推出什么样的设计，确定新系列的主题。

3. 绘制服装和配饰的草图，制作出样品。在纸上裁剪出样板，利用纸样在样品布料上裁剪，缝制出成衣，让模特儿穿上做进一步修改，审核样衣，直到最后满意。刚入行之际，做助手阶段，主要的工作是剪裁和缝制。

4. 为订货会、新装秀安排样衣。

5. 设计最后被认可后，就要绘制最后的生产表格，包括颜色、缝制方法、面料类型。

设计师的工作性质是怎样的？

设计师基本上是在室内工作。他要学会和各种各样的人打交道，要说服总监们、服装厂技师、客户、店面经理接受自己的设计，因此，口头表达能力要好，还要超级自信。工作会侵占私人生活空间，尤其在赶工期和新装秀准备期。跪下、弯腰、蹲伏、爬行是常规动作。

所以，设计师应具备以下技能：

1. 出类拔萃的个人品位，吸收信息的热情，超强的创造力，并能将三者结合起来。

2. 对产品、顾客、保养、维护具有相当的判断力和辨识能力。

3. 看见一件衣服或配饰，就能大约估算出面料、尺寸、流行季、成本、品质。

4. 具有团队精神，能配合设计总监和生产总监的意见。

5. 熟练使用计算机辅助设计软件。

6. 了解服装厂的生产设备、工艺流程，对生产质量进行监控。

想做设计师，怎么入行呢？

最好的路径当然是进入时装设计类院校，学习相关专业，接受时装教育和设计训练，或者接受美术训练，比如法国设计大师迪奥先生就是如此。《国王与诸神》一书也详细讲述了加利亚诺在伦敦中央圣马丁艺术与设计学院上学的情况。进入圣马丁之前，加利亚诺先在东伦敦城市学院上了两年设计和面料课程；在圣马丁头两年，他学的是纯艺术、平面造型艺术、电影制作和插画，第三学年才专攻设计。他说，艺术设计院校里的人带着各自的风格，很自然地把各种元素混合在一起，可以跨越学科的鸿沟。这对创意工作是非常有用的。

当然，自学也能成才，比如香奈儿小姐。还有一些设计师，比如伊夫·圣洛朗，是学徒出身。亚历山大·麦昆也做过几年学徒和助理。《国王与诸神》一书中也写到了麦昆辗转曲折的学徒经历，他先在伦敦定制高级男装的萨维尔街做学徒，然后又去日本设计师立野浩二的工作室、意大利设计师罗密欧·吉列的公司做助理。这些经历让他掌握了熟练的剪裁、缝纫、制版技能，熟悉了成衣加工的流程，了解到分销和市场营销。就这样，他在进入圣马丁之前，就已经在时装行业的各个环节，从始至终都做了一遍。

对于有雄心的设计人才来说，仅仅做普通的打工设计师是不够的。他们的目标是创意总监。

谁能做创意总监?

按传统说法,设计部门的主管叫设计总监。进入 21 世纪后,时尚业内逐渐用"创意总监"的概念替换了"设计总监"。这是因为,设计总监承担的工作越来越多,远远超出了设计服装的范畴。

那么,创意总监要承担什么职责呢?

1. 制订有序的时装设计方案,并创造新的时尚理念。

2. 协调广告和市场部门,制订有效的宣传推广策略。

3. 评估不同的服装系列可能取得的成功。

4. 根据不同的营销目的，选择相应的服装和配饰。

5. 提出大片、广告拍摄的概念，面试并确定模特，确定摄影师、拍摄地点和要出镜的服装。

6. 设计时装周T台秀的主题，面试并确定模特，确定模特T台的整体造型、走秀地点、舞台设计、灯光搭配、背景音乐和观众名单。

7. 详细了解不同的媒体，与媒体人员开会，让媒体了解新系列。

8. 把自己的时尚见解、创意思路、产品市场分析汇报给公司管理层，与客户、买手分享，帮助公司协调库存，帮买手制订采购计划。

9. 拜访服装生产工厂，调查商品市场，了解最新流行趋势。

10. 要善于应对投资人，能够接受职业经理人的监管和限制。

在《国王与诸神》一书中，作者黛娜·托马斯不厌其详地写了加利亚诺、麦昆如何策划、筹备、举办一场又一场新装秀，详尽披露了他们作为创意总监的工作细节。对于想入行的朋友来说，是很好的借鉴。

对于今天的创意总监而言，他们还肩负着另一个重要的职责，那就是把自己塑造成时尚界的偶像、明星级的设计师，成为品牌的

固定代言人。这股风气是自香奈儿小姐兴起的，她穿自己设计的长裤，戴人造珠宝，和贵族谈恋爱，将自己塑造成不受传统观念束缚的时代新女性。

前面我们谈到了 20 世纪 60 年代，工业化批量生产的成衣成为时尚主流，意味着新的时代开始了。一个专门设计成衣的新兴设

计师群体崛起了。在这之前，除了香奈儿小姐，绝大多数设计师都是迪奥先生那样的，有绅士派头，作风低调，你只听说过他们的名字，想不起他们的形象。变革时期，时尚界对设计师的要求也发生了变化。低调的设计师已成过去时，投资人、时尚圈需要明星做派的设计师，于是设计师们竭力将个人形象打造成品牌的代言。

比如发明迷你裙的玛丽·昆特，她请维达·沙宣为她剪了几何造型的波波头，穿着自己设计的橘色白色相间的迷你裙和过膝彩色PVC长靴。她去意大利，走到哪儿意大利男人就跟到哪儿。还有伊夫·圣洛朗，他竟然裸体出镜为自己的香水拍了广告。

20世纪70年代，美国设计大师侯司顿放弃了名字和姓氏，只用中间名"侯司顿"，这让他的名字和个人品牌都朗朗上口，利于传播。他还为自己设计了标志性的装扮：纤瘦的体型，向脑后梳去的光滑发型，太阳镜，任何时候都穿着紧身的黑色高领衫，手里捏着白色烟嘴的烟管，神情慵懒。

侯司顿曾说："时装源于时尚的人……没有哪个设计师能独自创造出时尚，是人创造了时尚。"设计师以鲜明的外形，频频出现在社交场合，登上媒体的娱乐版，成为鲜活的形象大使，自然而然地为品牌做了宣传。他们也拿到了奢侈品航母签给他们的天价薪酬。

但是，与金钱、名人、权力、成功和浮华纠缠在一起，是要付出代价的。那就是个人生活完全失控，疲于应付过度曝光带来的巨大精神压力。这或许就是加利亚诺和麦昆的人生跌入深渊、万劫不复的原因吧。

时尚买手也叫采购员

时装周前排都坐的是什么人？除了品牌 VIP、顶尖时尚大刊的主编和时装总监、明星名流，就是买手了。

设计师新推出的作品，大众要了解它们，往往通过时装周的 T 台和各种媒体，但还是会感到和自己有距离。真正把时尚潮流拉近到普通大众身边，对普通消费者进行时尚教育，其实靠的是买手。

时尚买手就是传统上我们说的"采购员"。买手分两类，一类是为大型百货公司、大型电商企业服务，还有一类是做小型时装精品店（Boutique），也就是所谓的"买手店"，规模、风格完全不同于综合型百货公司、电商。

不管是为哪一类零售端服务，专业买手都要针对特定的消费群体，挑选不同品牌的高级时装、珠宝、皮包、鞋子以及化妆品，把它们融合在一个店面里销售。买手的眼光、挑选的服饰单品，往往能带动一个都市的高级时装潮流，是时尚潮流的标杆。反过来说，一家店，不论规模大小，能否生存、生存得好坏全靠买手的时尚素质和潮流判断力。

买手这个职业听起来很酷：坐飞机穿梭在四大时尚之都，就像我们打车从城东去城西，过条江那么便当。时尚买手有风光潇洒的表面，背后是艰辛的长途出差，是过硬的知识储备，这个工作没那么好做。

时尚买手都要做哪些工作呢？他的工作内容包括：

1. 分析下一季的潮流走向，分析顾客的心理。

2. 在全球范围内寻找本店顾客喜欢的商品。

3. 确定货品的数量，与供货商讨价还价。

4. 监控产品质量。

5. 组织安排送货时间与地点，保证在适当的时间交货，按时支付货款。

6. 根据公司的毛利政策，会同有关部门一起制订进货商品的价格。这包括初始的定价和对滞销商品的重新定价，新进的商品是否要替代一些滞销商品在货架上的位置。

7. 选择促销商品，选择合适的商品用于陈列，选择合适的商品用于广告宣传，计划安排现场时装表演等工作。

但时尚买手又不完全是传统的"采购员"。时尚行业对"采购员"的要求要高得多，不仅要和供货商打交道，还应该具备强烈的团队合作精神。买手需要和设计师、工厂的技术人员通力合作，以监控服饰的生产情况。

如果不出差，买手就要泡在电脑上，阅读报表，随时了解库存和交易量。还要不停打电话，这也是一项重要的工作。

买手的工作性质是什么？

买手的工作是没有时间限制的，也就是说工作和生活无法明确地分开。任何时候都在上班，晚上、节假日，随时准备好加班。买手也没有固定的办公地点，可能在会议室里、飞机上，也可能在供货商的样板间里、自家床上。

买手应该具备哪些技能和兴趣呢？下面是我给出的回答，排序不分先后。

1. 首先要有旺盛的精力。

2. 要能果断地做出决定，不惧重重压力。

3. 必须了解公司的成本构成、利润、毛利等的计算原理和方法。

4. 具有交际手段，能顺利谈下你想要的货品。不管是当面还是电话里，和他人交流都能从容自如。

5. 有出色的创造力，对细节极其敏感。

6. 有出色的计划和组织能力。

7. 能迅速收集和整理最新的信息，并做出判断。

听起来很不错，你或许要问，我想入行，应该具备什么资格呢？

你要有相关的学历，比如接受过服装设计、纺织品制造、商科、市场等专业的训练，有相关文凭。此外，对时尚潮流有饱满的热情，街上出现任何潮流动向都能尽收眼底，这种兴趣比学历更重要。要成为一个合格的买手，需要5~7年的时间，这可不容易。

成为买手之后，在职业发展和个人生活方面，会有哪些机会呢？

首先，需要买手的多为电商、实体零售巨头，其总部设在时尚中心，如北京、上海、伦敦、巴黎、纽约等地，汇集了时尚产业最前沿的信息和潮流，可以迅速完成职业知识的积累。如果厌倦了买手职业，可以转行到服务业、制造业、行政、公共服务业等领域。与时尚产业相关的行业还有物流、后勤、销售推广、原料管理、市场、零售等，也是买手退休后的选择。

第
4
讲

造型师不是客户的好朋友

　　肥皂剧《欲望都市》告诉全世界的观众，世界上有造型师这个职业；电影《杜拉拉升职记》则为中国观众普及了造型师这份工作。两部剧用了同一个造型师——帕翠西亚·菲尔德。

　　造型师，国外叫 Stylist，如果想高端一点儿，不妨称之为"时尚顾问"。这个职业的工作场合很多，可以为影视剧做造型指导，协助杂志社的时装编辑组织、拍摄一组时装大片，为明星名人搭配红毯、派对、日常服装，有时又充当精品店的买手，或者协助设计师为时装秀做模特的整体形象设计。

在 2000 年以前，造型师这个工作还带有"女仆"的性质，按字面意思说，就是跪下去，从地板上捡起别针，为雇主把衣服别好。那时，造型师也好，时尚顾问也罢，基本上在工作室内部为设计师工作，比如《国王与诸神》这本书中就写道，阿曼达·哈莱克曾经为约翰·加利亚诺工作，正是因为加利亚诺不够尊重哈莱克作为造型师的贡献，哈莱克不得已投到香奈儿的门下，辅佐卡尔·拉格斐。模特出身的时装编辑格蕾丝·柯丁顿也与卡尔·克莱恩有过合作。说好听点是"合作"，其实不过是打杂的，既要默默无闻，还得无私奉献，薪水还特别低，并不让人眼红。很多后来做到了顶尖位置的时尚顾问说，开始做这一行的时候根本不知道有"时尚顾问"之说。英国版 Harper's Bazaar 时装和创意总监说：当年，我跟我妈说，我要去做造型师。她说，什么？你想当理发师？

情况在 20 世纪 80 年代发生了变化。安娜·温图尔出任美国版 *Vogue* 主编后,认为造型师的工作和贡献应该被体现出来,她把造型师的名字在杂志上刊登了出来。20 世纪 90 年代,到了超模时代,时装秀成为时装业的一件大产品,设计师和品牌都极为重视。看秀的人在开场前往往会寒暄几句,打听"这场秀的造型是谁做的?"

幕后英雄一步步走到了前台,职业为个人带来了极大的荣耀。进入 21 世纪后,时尚顾问、造型师成为时尚的解读者,如果做出了名气和信誉,时尚顾问一天的收入可以过万元。时尚类杂志推出的各种"影响力排行榜",里面都少不了时尚顾问,比如时尚顾问伊克拉姆·戈德曼把米歇尔·奥巴马打造成"混搭女王",就登上了 GQ 的排行榜。

这一行成了年轻人打破头都要挤进去的职业。入行的第一步,是去专业院校上学,接受专业训练、职业培训,比如申请伦敦时装学院时装造型的本科课程。伦敦时装学院还开设有各种短期培训课程。一些电脑、手机游戏也发布了时装造型搭配主题的游戏。

做造型师有一个特别的性质，就是你会介入客户的私人生活。所以，老手们会提醒新人，不要过多卷入客户的私人生活，否则会给双方带来极大的麻烦。要记住，你永远不是客户的闺蜜，永远不要和客户发展私人友情。

时尚顾问的工作是非常专业、复杂的。上一讲我们提到"时尚买手"应该具备哪些专业素养，时尚顾问除了具备同样的专业素养，要求只多不少。Lady Gaga 是出了名的造型百变大咖，她有一个造型顾问团队 Haus of Gaga，负责打理她的每一次出镜、每一米红毯、每一部 MV、每一场演唱会的造型，不厌其详地在社交媒体上发布 Gaga 的造型细节，用的每一件单品，完全是在做一本现场版的时尚杂志。

时尚顾问常常担任买手，为私人客户采购服饰，或者陪同他们购物。这可绝不像自己逛商场那么自在。你要当好她们的心理医生，绝大多数客户是气场不够强大、缺少时尚自信的普通女人，要鼓励她们勇敢地试穿新款式。

时尚顾问并不仅仅是跟明星合作、打扮名人这么简单。要做到成功，时尚顾问必须遵循 3 条规则：第一，带着诚挚和真情，并且得让客户感受到你的诚挚和真情；第二，你要有一段个人经历，这段经历不能太苦，能稍稍激发客户的同情心，因为苦大仇深会让人怀疑你缺乏良好的品位；第三，对客户要急人所急，不能视客户的金钱为粪土。

最后，谨记：这是一个一将功成万骨枯的行业，饿死的比一天挣一万块的人多多了。

秀导也是导演

秀导是一个非常新鲜的职业，它的英语名称是 Fashion Show Director。他既是艺术家，又是管理者，充当的是时尚协调员。从字面意义上看，秀导就是时装秀的导演，或者组织、监督时装大片、广告的拍摄；从更大范围来讲，秀导要协调好团队、部门的每个人、每个环节，营造出有条不紊的时尚氛围，以确保新系列的营销和推广能够达到成功的目的。

秀导是时装秀、大片拍摄的灵魂人物。每一季新装发布的中枢环节，秀导负责把设计师的思想传达给观众。

要拍摄广告、时尚大片，要负责一台时装秀，秀导应该做好下面的工作：

1. 整合、串联一整台时装秀或商品秀的演出。

2. 与客户沟通整个活动的形态，必须非常了解本次展示的产品。

3. 构思舞台设计、灯光搭配、音乐类型，与公安、消防部门联系，搞好安全防范。

4. 对模特的服装、化妆、发型、表现方式要有自己的见解，和模特、造型师、化妆师、发型师进行沟通。

5. 面试模特，训练新模特的台步、化妆。

6. 根据需要编写演出剧本。

7. 开演前要监督舞台布置和各项流程，演出时更要做现场指导。

秀导的工作事无巨细，他应该具备以下技能：

1. 熟练运用多种语言，起码应该懂英语、法语。

2. 对时尚有狂热的兴趣。

3. 眼光犀利，要在第一眼就知道哪个模特穿哪件衣服好看。在试装的时候，音乐一响起来就明白演出会是什么样子。

4. 具有深厚的艺术修养。秀导永远站在时尚最前沿，因此要懂得各品牌服饰的文化、色彩搭配、音乐，从中不断激发出灵感。

想做秀导需要怎样的入行资格呢？

最好的是进入时装设计类院校学习，艺术院校导演、摄影、视觉等专业的毕业生也很容易入行。

这个职业强调实践能力，设计院校往往会提供很多实习机会，你可以获得相关的工作经验。如果是非设计艺术院校的学生，去小型时装精品店找一个实习、助理岗位，绝对是很好的起点。安娜·温图尔 15 岁时在伦敦设计师品牌店 Biba 找了份销售工作，以此作为进入时尚业的起点。当然，时尚圈的任何人，只要自己用心积累，从最初级的后台助理做起，训练三五年，也能做秀导。

最后要提醒一句，秀导生活在绚烂夺目的时尚秀场，接触的都是古灵精怪的人，但代价是没有私人生活。

部分人名翻译对照表

安娜·温图尔: Anna Wintour

彼德·林德伯格: Peter Lindbergh

卡琳·瑟夫·德杜赛尔: Carlyne Cerf de Dudzeele

米凯拉·贝尔库: Michaela Bercu

朵薇玛: Dovima

理查德·埃弗顿: Richard Avedon

查尔斯·沃斯 :Charles Worth

克里斯托巴尔·巴伦西亚: Cristobal Balenciaga

卡尔·拉格斐: Karl Lagerfeld

伊娜·德拉弗拉桑热: Inès de la Fressange

斯坦法诺·沙西: Stefano Sassi

朱莉·哈里斯: Julie Harris

阿尔伯·艾尔巴茨: Alber Elbaz

丹尼尔·格雷格: Daniel Craig

詹尼斯·乔普林: Janis Joplin

保罗·波烈: Paul Poiret

让 - 克劳德·艾列纳: Jean Claude Ellena

罗亚·多芬: Roja Dove

厄内斯特·鲍: Ernest Beaux

亨利·罗伯特：Henri Robert

皮尔·卡丹：Pierre Cardin

雅克·波巨：Jacques Polge

查尔斯·沃斯：Charles Worth

达夫 - 戈登勋爵夫人：Lady Duff-Gordon

约翰·加利亚诺：John Galliano

亚历山大·麦昆：Alexander McQueen

马丁·马吉拉：Martin Margiela

汤姆·福特：Tom Ford

乔纳森·安德森：Jonathan Anderson

马克·雅各布：Marc Jacobs

埃尔顿·约翰：Elton John

埃隆·马斯克：Elon Musk

弗里德里克·桑切斯：Frederic Sanchez

亚历山大·德贝塔克：Alexandre de Betak

卡琳·洛菲尔德：Carine Roitfeld

安德烈·莱昂·泰利：André Leon Talley

维多利亚·贝克汉姆：Victoria Beckham

斯泰拉·麦卡特尼：Stella McCartney

凯特·莫斯：Kate Moss

安娜·戴洛·罗素：Anna Della Russo

米洛斯拉瓦·杜玛：Miroslava Duma

玛丽·韦尔内：Marie Vernet

玛丽安·莫尔豪斯：Marion Morehouse

F. 司各特·菲茨杰拉德：F. Scott Fitzgerald

丽莎·芳夏格里芙：Lisa Fonssagrives

珍·帕切特：Jean Patchett

朵莲丽：Dorian Leigh

苏西·帕克：Suzy Parker

奥黛丽·赫本：Audrey Hepburn

碧姬·芭铎：Brigitte Bardot

卡梅尔·斯诺：Carmel Snow

简·诗琳普顿：Jean Shrimpton

崔姬：Twiggy

劳伦·亨特：Lauren Hutton

米克·贾格尔：Mick Jagger

杰瑞·霍尔：Jerry Hall

辛迪·克劳馥：Cindy Crawford

克里斯蒂·特灵顿：Christy Turlington

琳达·伊万格林斯塔：Linda Evangelista

娜奥米·坎贝尔：Naomi Campbell

克劳迪娅·希弗：Claudia Schiffer

塔莉·沃迪亚诺娃: Natalia Vodianova

萨沙·彼伏瓦拉娃: Saha Pivovarova

琼·斯莫斯: Joan Smalls

莉雅·科比蒂: Liya Kebede

海娜·本·阿布德斯利姆: Hanaa Ben Abdesslem

戴安娜·弗里兰: Diana Vreeland

玛丽·昆特: Mary Quant

安迪·沃霍: Andy Warhol

马里奥·索伦提: Mario Sorrenti

乔瓦尼·詹尼·范思哲: Giovanni Ginanni Versace

迈克尔·格罗斯: Michael Gross

吉赛尔·邦臣: Gisele Bündchen

达莉亚·沃波依: Daria Werbowy

马里奥·塔斯提诺: Mario Testino

萨姆·罗琳森: Sam Rollinson

伊迪·坎贝尔: Edie Campbell

大卫·贝利: David Bailey

斯蒂芬·梅塞: Steven Meisel

卡拉·迪瓦伊: Cara Delevinge

米兰达·可尔: Miranda Kerr

凯特·厄普顿: Kate Upton

克里斯托夫·贝里：Christopher Bailey

艾瓦娜·欧马奇科：Ivana Omazic

约瑟夫·卡尔：Joseph Carle

罗伊·雷蒙德：Roy Raymond

侯斯顿：Halston

帕翠西亚·菲尔德：Patricia Field

阿曼达·哈莱克：Amanda Harlech

格蕾丝·柯丁顿：Grace Coddington

伊克拉姆·戈德曼：Ikram Goldman

米歇尔·奥巴马：Michelle Obama

瓦伦蒂诺·加拉瓦尼：Valentino Garavani

詹弗兰科·费雷：Gianfranco Ferré

苏西·门克斯：Suzy Menkes

艾丽莎·娜琳：Elisa Nalin

图书在版编目（CIP）数据

时尚的记忆：什么是奢侈，什么是流行 / 李孟苏著
. -- 重庆：重庆大学出版社，2022.8
（万花筒）
ISBN 978-7-5689-3311-7

Ⅰ.①时… Ⅱ.①李… Ⅲ.①服饰美学 Ⅳ.
①TS941.11

中国版本图书馆CIP数据核字（2022）第084979号

时尚的记忆：什么是奢侈，什么是流行
SHISHANG DE JIYI: SHENME SHI SHECHI, SHENME SHI LIUXING

李孟苏　著
袁春然　绘

策划编辑：张　维　　唐　丽
责任编辑：张　维
责任校对：关德强
装帧设计：崔晓晋
责任印制：张　策

重庆大学出版社出版发行
出版人：饶帮华
社址：（401331）重庆市沙坪坝区大学城西路 21 号
网址：http://www.cqup.com.cn
印刷：天津图文方嘉印刷有限公司

开本：850mm×1168mm　1/32　印张：8　字数：134 千
2022 年 8 月第 1 版　　2022 年 8 月第 1 次印刷
ISBN 978-7-5689-3311-7　定价：69.00 元